Artificial Intelligence - based Key Technology for Tropospheric Atmospheric Duct Inversion

基于人工智能的对流层大气波导反演关键技术

吴佳静　李清亮　张金鹏　崔铁军　魏志强　著

国防工業出版社

·北京·

内 容 简 介

海上对流层波导是对流层环境中的一种特殊的大气现象。在一定条件下形成无线电波的超折射波导传播，能够实现超视距目标探测和远距离通信，扩大无线信息系统的工作距离，也能够改变正常的无线电波传播路径，造成雷达探测盲区。本书系统介绍了对流层波导这一特殊大气现象的形成机制、特征及其对无线电波传播的影响。作者针对海上对流层波导的监测和预测问题，提出了基于深度学习技术的全新解决方案。书中首先分析了当前国内外对流层波导监测和预测方法的发展现状，指出了传统方法存在的预测精度低、预测区域有限、预测效率低等问题。随后，详细介绍了利用深度学习技术在对流层波导预测与反演方面取得的创新成果。

本书的研究成果为在关键海域海上环境中雷达通信等电子系统的设计、评估和辅助决策提供了有力支持；不仅是对流层波导研究领域的一本重要参考书，也为电子战、海洋气象学、雷达技术等相关领域的科研人员和工程技术人员提供了宝贵的参考资料。

图书在版编目（CIP）数据

基于人工智能的对流层大气波导反演关键技术 / 吴佳静等著. -- 北京 : 国防工业出版社, 2025. 2.

ISBN 978-7-118-13575-6

Ⅰ. P421.31; TN011.3

中国国家版本馆 CIP 数据核字第 20258FA215 号

※

国防工業出版社 出版发行

（北京市海淀区紫竹院南路 23 号　邮政编码 100048）

三河市天利华印刷装订有限公司印刷

新华书店经售

*

开本 710×1000　1/16　**插页** 7　**印张** 8¼　**字数** 137 千字

2025 年 2 月第 1 版第 1 次印刷　**印数** 1—1500 册　**定价** 79.00 元

（本书如有印装错误，我社负责调换）

国防书店：（010）88540777　书店传真：（010）88540776

发行业务：（010）88540717　发行传真：（010）88540762

前 言

对流层波导是低空海洋环境中产生的具有一定厚度的大气结层，这种独特的结构使电磁波的传播轨迹发生变化，并且陷获在这种特殊的结层中，从而影响海上雷达系统和通信系统的正常传播。提前感知海上对流层环境，不仅能够采取相应的措施对波导结构进行及时的修正和补偿，还可以通过利用对流层超视距的传播现象实现雷达系统对低空突防目标和超视距进行探测。因此，海上对流层波导特性参数进行实时反演具有较高的应用价值。

当前，国内外提出了多种海上对流层波导监测和预测的方法，通过前期调研发现，基于雷达海杂波的预测方法是目前较为可靠且能满足波导结构的大气波导遥感手段，应用前景良好。利用雷达海杂波反演大气波导剖面是一个正演加反演的过程，正演过程通过环境参数仿真来计算海杂波功率，反演过程则是将全局优化选择与杂波功率数据符合最好的一组环境参数作为最后的反演结果。由于不同海域的气象条件不同，波导的出现通常具有区域性和非均匀性特性。这种非均匀性会使雷达海杂波功率增强与减弱的距离点产生水平方向移动，从而影响大气折射率剖面的反演。然而，精细化的水平非均匀波导剖面建模，会产生较高维度的波导折射率剖面参数，使反演运算较为困难，导致实际的反演结果期望与实际问题的解决仍差距甚远。即便如此，多年来，人们对于雷达海杂波实现大气波导的反演的理论研究工作从未间断，在努力寻求突破的同时，从现象解释及新方法应用方面推动着大气波导反演研究的不断进步。

随着人工智能技术的飞速发展，其在电磁环境领域的应用也日益广泛。电磁环境作为现代信息化战场中的重要组成部分，对军事作战、通信保障及信息安全等方面具有至关重要的影响。传统上，电磁环境的监测与管理主要依赖人工操作和经验判断，这种方式不仅效率低下，而且难以应对复杂多变的电磁环境挑战。因此，将人工智能技术引入电磁环境领域，实现智能化监测、分析和决策，成为当前研究的热点和前沿方向。

本书基于目前较为火热的人工智能深度学习方法，将深度学习应用在对流层大气波导预测与反演，在此基础上，提出了非均匀大气波导的雷达海杂波全方位反演深度学习模型，弥补利用传统方法进行波导反演的不足，提高反演预测模型的效率和精度。

首先，针对环境气象数据及超视距传播损耗数据存在大量时间噪声的问题，采用人工智能一维卷积自动编码器去噪模型，过滤掉输入数据的噪声。在对环境和超视距传播损耗数据进行噪声过滤的基础上，提出了一种新颖的基于深度学习的环境知识驱动超视距传播损耗预测，并通过深度学习对超视距传播损耗预测精度的环境影响因素进行解释和分析。

其次，提出了海上对流层水平非均匀大气波导剖面降维及反演设计模块。为了实现水平方向非均匀蒸发波导降维，构建一维残差扩张因果卷积自动编码器实现水平向非均匀大气波导剖面参数降维。在此基础之上，分别设计了多尺度残差卷积网络模型和全耦合卷积网络，解决非均匀蒸发波导及非均匀表面波导剖面反演精度低的问题，从而提高水平距离向非均匀大气波导反演的有效性及准确率。

最后，提出了全方位非均匀蒸发波导剖面建模及非均匀蒸发波导反演模型建模。为解决传统一维马尔可夫链模型无法模拟全方向的非均匀蒸发波导剖面的问题，构建了耦合二维耦合马尔可夫链模型，并利用改进的耦合马尔可夫链模型研究了大气波导初始采样点位置和间距对非均匀蒸发波导高度分布结果的影响。在此基础上，构建了大气波导的雷达海杂波空间反演深度学习模型，该模型考虑到了非均匀蒸发波导全方位建构与360°全方位雷达回波图之间的非线性映射关系，实现了海上空间非均匀对流层波导空间反演。

全书共有6章。第1、2章分别介绍对流层大气波导反演及预测所需的对流层电磁环境认知基础知识和对流层大气波导传播理论基础知识；第3章通过建立电磁环境知识驱动的大气波导预报模型，分析了大气波导环境特性对传播损耗的影响和权重分析；第4章介绍了非均匀大气波导的反演模型，从非均匀大气波导剖面的反演和建模的角度实现了蒸发波导和表面波导的反演。第5章探索了基于二维马尔可夫链的区域非均匀大气波导剖面建模方法。第6章基于区域大气波导建模理论，实现了基于深度学习的区域大气波导有效反演和预测。

本书是首次系统对流层大气波导反演的概念、原理和技术实现途径的一本专著，为使本书浅显易懂，作者避免引用较抽象或深奥的对流层大气波导反演理论，公式推导也尽可能完整、系统，期望能对这种新型反演技术的进一步研究起到抛砖引玉的作用。

在本书撰写过程中，东南大学崔铁军院士、中国电子科技集团公司首席科学家李清亮研究员、中国海洋大学魏志强教授、贾东宁教授、聂婕教授，清华大学杨健教授对书稿提出了宝贵的修改意见；河南省科学院宋晓辉研究员、王建业研究员、刘玉芳教授对本书的出版予以大力支持；山东省计算机学会吴小雨研究员不仅热心支持作者对人工智能前沿技术的探索，还指导和参与了书中许多重要理论和技术问题的研讨，对书稿的内容完善和顺利出版发挥了特殊的作用；张金鹏研究员、郭相明研究员、张玉生研究员、魏子良工程师、赵小梅工程师、单罗有工程师、韩京鹏工程师、张明育工程师等也对本书工作给予了热情帮助。在此，谨向支持和帮助本书工作的所有领导、专家和同事表示衷心的感谢！

另外，还要特别感谢国防工业出版社牛旭东编辑的诚挚关心和支持！

最后，需要说明的是，由于作者知识和水平有限，书中疏失错误和不当之处在所难免，恳请读者批评指正。

作者

2025 年 1 月 15 日

目录

第1章 绪论

1.1 选题背景及研究意义

海上对流层波导是一种特殊的电波传播环境，它能够改变电波的传播轨迹，从而降低基于电波测量仪器的精度，导致测量结果出现较大的偏差[1-2]。如果在波导层中陷获了雷达电磁波，将会大大增加雷达体系中电磁波的散射效率，从而形成大量的雷达杂波干扰，严重影响设备目标识别的准确性。不仅如此，对流层波导将电磁波陷获其中，导致电磁波在波导层以上区域分布较少，形成雷达盲区。这些“盲区”可以实现对航母舰队的突防。同时，这也会对TDD-LTE网络系统造成远程同频干扰，极大地影响了通信系统的通信安全[3]。由于海上对流层波导会对电磁波产生上述影响，影响几乎所有电子武器系统作战性能的空间环境，因此需及时采取相应的手段对波导陷获结构产生的影响进行弥补和修正，或者利用对流层波导中的异常传播现象来实现雷达系统对低空突防目标的超视距探测[4]。

对流层大气波导以下简称大气波导，大气波导的形成与气象条件密切相关，具有明显的空间尺度和区域地理特征。通常，大气波导具有多种特性，其主要特征如下：

（1）大气波导与海洋温度梯度、相对湿度梯度、大气压力、风速风向，以及海面温度等地理和气象水文环境有着密切的联系。

（2）不同类型的大气波导在不同地区、不同时间出现的概率不同。海上蒸发波导几乎在所有海域和任何时间都可能存在，但其特征参数各不相同。

（3）大气波导实现超视距传播需要传播频率大于截止频率、传播角度（俯仰角）小于临界角。例如，在一般的情况下，蒸发波导主要影响L波段以上电磁波的传播，表面波导对VHF波段以上的电磁波有显著影响，悬浮波导对VHF~Ka波段的电磁波也具有一定的影响。

对流层大气波导实时监测的方法主要分为直接测量、模型诊断和算法反演三类[5]。直接测量是利用气象传感器测量各个空气薄层的温度、湿度和压强，然后通过公式计算得到各个高度层的修正折射率，最终获得实际的大气波导的信息[6]；模型诊断是利用少量的气象水文数据通过算法拟合得到温度、湿度和气压的廓线，进而获得大气修正折射率剖面及大气波导相关信息；算法反演是通过对受大气波导“反射”的探空辐射计、通信装备、激光等信号强度的分布，进而反向获得一定高度大气层中大气修正折射率随高度的变化曲线，最终得到所需的波导数据[7]。

然而，通过直接探测实施成本较高；利用大气耦合模式进行模型评估会由于内嵌的物理耦合模式的增加而使预报精度降低，并且内置的同化过程较难获取[8]；通过激光、通信设备等反演的技术方法在实时监测能力、广域覆盖能力等方面离实际应用仍有差距。因此，迫切需要可以满足实际需求的新型大气波导反演技术的研究。

雷达海杂波实现海上对流层大气波导的反演（refractivity from clutter，RFC）是一种新型的海上对流层波导的遥感反演技术[9]。能够利用岸基、舰载雷达正常工作过程中获得的海杂波数据，采用有效的反演模型和算法对雷达探测范围内的低空大气折射率剖面参数进行反演[10]。然而，目前有效的海杂波距离范围小、数据源不足、未考虑不同方位波导的非均匀性，导致大气波导预测精度低。并且，当前的预测方法需要考虑高维度的大气波导预测效率低的问题[11-12]。因此，如何通过雷达海杂波反演的手段实现高精度、非均匀、时空变化的大气波导高精度反演，进而支撑海上环境下雷达通信等电子系统的设计、评估和辅助决策，成为亟待解决的问题。

1.2 国内外研究发展现状

1.2.1 海上对流层波导环境特性研究

电磁波超视距传播现象的发现，源于超短波及微波无线设备的应用。1933 年，在地中海的一次试验中，500MHz 的通信设备实现了 150km 的超视距通信，而实际的视距范围只有 30km，超视距通信的实现引起了人们的广泛关注[13]。1943 年，在爱尔兰海域的气象测量实验中，英国人首次在海面上发现异常大气折射率的存在[14]。1944 年，美国电波与声学实验室利用超高频和甚高频频段的无线设备，对大气参数进行测量，证明了大气波导这种大气结构的存在[15]。1948 年，美国海军在圣地亚哥、新西兰南岛等地，利用多个频段的无线设备，研究了海上风、湿、压及温度等气象条件下大气波导分布情况。20 世纪 60 年代，以航海电子研究中心为首的多个研究机构，对全球不同海域的蒸发波导情况展开研究。1981—1982 年，美国空间与海军电子战系统中心在加利福尼亚，针对 3GHz 和 18GHz 的电磁波在远距离的传播特性问题开展了研究[16]。以美国空间与海军电子战系统中心为主导的机构，2001 年 8—9 月，在夏威夷欧胡岛海域开展了大气波导试验；2015 年，在美国北卡罗纳州海域进行了海气耦合过程和大气波导传播研究实验[17]；2017 年，在澳大利亚沿海进行了热带海气作用的电波传播试验研究[18]。

我国对大气波导的相关研究起步时间较晚，研究的工作还处于成果借鉴与试验验证的阶段。我国对于大气波导的实验研究工作主要开始于 20 世纪 90 年代，首先是针对海上大气波导条件展开研究，中国电波传播研究所通过试验测量了大量的探空数据，分析研究了海上波导条件下的时空分布规律及出现概率[19]。1998 年，北京应用气象研究所研究了海上气象参数的变化对折射率条件及电波的影响[20]。中国人民解放军海军工程大学[21-25]、国家海洋环境预报中心[26]、中国电波传播研究所[27]等通过试验和分析，对蒸发波导模型在我国海区适用性和精度问题展开了研究。西北工业大学利用美国环境预测中心提供的再分析数据，研究了蒸发波导在不同海域的时空统计规律。大连舰艇学院研究了不同波导条件对海雷达探测产生的盲区及补盲措施[28-29]。赵小龙[30]、黄小毛[31]、王桂军[32]等研究了海上大气波导及不同气象条件对雷达探测性能的影响。为了验证蒸发波导模型在中国海区的适用性，并研究蒸发波导条件下电磁波路径损耗和雷达探测效能的变化，中国电波传播研究所于 2001 年在山东靖海开展了大气波导与雷达探测联合试验；2009 年 6—7 月上旬开展了 67. 8km 的跨海超视距电路的传播实验；2011 年 7 月与 2013 年 9 月在黄渤海开展了 117km 的跨海超视距电路的传播试验；2017 年 11 月与 2019 年 8 月在南海海域开展了 52km、75km 和 148km 的跨海超视距传播试验。

通过上述国内外大量的海上对流层波导的观测试验，国内外对大气波导环境特性的研究已有丰硕的研究成果，然而，在工程实践中发现，针对对流层大气波导的区域非均匀性研究还十分匮乏，因此，对于非均匀变化波导的反演模型研究仍是重点及难点问题。

1. 2. 2　海上对流层波导环境传播理论研究

大气波导传播模型是联系大气波导环境和其传播效应之间的“桥梁”。无线电波传播波导模式的理论预测模型基于多层结构的特征求解方法，可用于解决具有多层分段线性折射率结构的海洋大气波导中的超视距无线电波传播问题。由于任何大气折射率结构都可以用分段线性函数近似，因此在原理上也适用于任何大气折射率结构。在大气波导传播的抛物方程（parabdic equation,

PE）方法发展之前，基于波导模式理论的 MLAYER 模型是预测大气波导传播特性的主要方法[33]。基于抛物方程方法的研究可追溯到 20 世纪 40 年代，在处理无线电在地球附近的绕射传播问题时，Leontovich 和 Fock 提出抛物方程近似思想。随后，研究人员试图用抛物方程方法求解更为复杂的对流层电波传播特性，但限于当时的计算条件，只能计算一些特殊的电波传播问题。20 世纪 70 年代后，随着计算机数值方法的发展，Hardin 和 Tappert 在水下声传播问题中提出高效的抛物方程分步傅里叶变换算法，抛物方程方法研究取得很大进展。抛物方程方法在电磁学中得到广泛的研究和应用始于 20 世纪 80 年代初，目前抛物方程方法结合其他有效的数值算法对远距离电波传播问题可提供快速数值解，成为大气波导超视距传播数值计算和电波传播特性分析的主要方法，同时也越来越多地被应用于小尺度散射问题如城市环境中的电波传播或雷达散射截面的评估[34-35]。

抛物方程模型利用旁轴近似亥姆霍兹（Helmholtz）方程推导出的一种前向传播的电磁计算方法，可以用于解决在复杂的大气折射率分布和地海面情况下的传播问题。通过采用多种近似形式来拟合伪微分算子，发展出具有宽角和窄角的抛物方程，从而更好地描述电波传播的物理现象。在抛物方程的求解上包括有限差分法、有限元法和分步傅里叶转换法（split - step Fourier transform, SSFT），具体采用哪种算法需要结合具体的计算场景来确定[36]。其中，有限差分法和有限元法可以用来计算复杂的边界条件，但需要较长的计算时间。分步傅里叶转换法可以用来计算较长的传播距离，并且计算速度较快且稳定，适用于远距离的传播计算，是目前海上微波超视距电波传播计算的主要方法。根据不同的应用场景，分步傅里叶转换法与不同的边界条件结合，形成了很多具体的数值计算方法。对于下边界是光滑良导体的情况，根据水平极化和垂直极化计算电磁场关于界面对称，分步傅里叶变换法具体对应为正弦或余弦变换的形式，用来具体求解抛物方程。当下边界为阻抗边界条件时，采用 Kuttler、Dockery 建立的混合傅里叶变换法（mixed Fourier transform, MFT），以及离散混合傅里叶（discrete mixed Fourier transform, DMFT）数值解法用于阻抗边界条件下的电波传播计算[37]。大气折射、地形绕射和反射效应均影响甚高频到毫米波频段的无线电波，由于研究的区域尺寸远大于波长，难以计算得到麦克斯韦方程的精确解，因此，需要寻求近似值。近年来，张金鹏等运用几何光学、波导模理论模型、球面地球多径模型、绕射传播模型和抛物方程传播模型来研究大气波导传播[38]。

不规则地形和下边界的处理方法对抛物线方程模型计算无线电波传播有重要影响。对于不规则地形，通常采用两种方法进行处理，一种是采用地形变换法，另一种是阶梯近似法。对于海上电波传播，下边界是受海浪影响的随机粗糙海面，目前主要通过引入粗糙度降低因子，修正菲尼尔反射系数的方法进行处理。针对海面的高度采用不同的高度分布函数，定义了不同粗糙度降低因子，如采用 Ament[39] 和 Miller - Brown[40] 提出的不同的海面高度分布函数，可计算对应的粗糙度降低因子。目前的对比试验表明，两种方法的计算精度确定，不过，采用 Miller - Brown 提出的粗糙度降低应用更为广泛一些。近年来，考虑到海上电波传播，特别是较低擦地角时，海面对电波的阴影效应，提出了采用遮蔽效应的海面分布函数。同时，Benhmammouch 利用海浪谱模型，把海面表示为不规则的海面地形，进行海上蒸发波导的传播计算等[41]。随着对抛物方程模型研究的深入，双程抛物方程算法和三维抛物方程算法应运而生。在双程抛物方程算法中，Ozgun 把后向波传播和前向波传播综合起来考虑[42]。通常考虑电波的二维传播，在坐标轴上表现为水平 X 轴和垂直 Z 轴方向的传播。实际上，某些复杂地形需要考虑电波传播的横向效应，因此采用三维抛物方程模型开展相应的计算。另外，矢量抛物方程模型近几年也得到了发展。

通过以上文献调研，国内外对于对流层大气波导传播的确定性方法是射线追踪、波导模式理论和抛物方程三种。射线追踪通过对电波射线的准确描迹可以给出波导传播清晰的物理场景，能够描述水平不均匀分布波导的传播，但难以预测大气波导内的场强分布，并且无法考虑频率的影响，会造成波导传播计算误差。波导模式理论是假定地球的大气层都是均匀分布的，然后利用波场相关的赫兹矢量求解麦克斯韦方程，然而在处理大气折射率的水平不均匀问题时比较困难，也难以预测存在地形时的传播特性。抛物方程是由麦克斯韦方程导出的，用于计算近轴锥形区域前向传播问题，非常适合模拟远距离无线电波传播。目前，抛物方程方法已成为最具优势和应用最广的大气波导传播预测模型。

1.2.3　海上对流层波导的反演技术

大气波导的反演是一个反问题，需要利用各种优化算法寻找波导参数最优解，从而获取波导剖面特征参数信息。如图 1 - 1 所示，将海洋环境计算出的大气波导折射率剖面与海面参数代入抛物方程中计算出功率数据。通过合适的算法构建回波功率数据和大气波导剖面参数的映射关系。图 1 - 2 所示为 1998 年在美国 WallopsIsland 利用 SPANDAR 雷达测量的大气波导超视距海杂波图。2002—2003 年，Gerstoft 等利用模拟退火及遗传算法从观测到的雷达海杂波数据中反演波导折射率剖面参数[44 - 45]。Yardim 等 2006 年利用马尔可夫链蒙特卡罗抽样算法对雷达海杂波估计折射率剖面技术进行了不确定分析[46]，2007

年又在此基础上利用遗传 – 马尔可夫链蒙特卡罗混合算法反演大气波导剖面参数，2009 年将贝叶斯估计算法与气象统计量结合起来反演大气波导[47-49]。2011 年，Karimian 等应邀在无线电科学上对海杂波反演研究进行综述[50]。2012 年，Karimian 等[51]继续雷达海杂波反演大气波导的研究，并使用他们新建立的多擦除角海杂波模型[54]提出了一种反演对流层折射率分布的方法。2018 年，Penton 等用遗传算法分析了粗糙海面对蒸发波导大气修正折射率剖面反演的影响。2021 年，Xu 等实现了低层大气波导折射率电磁遥感的频率多样性分析[52]。

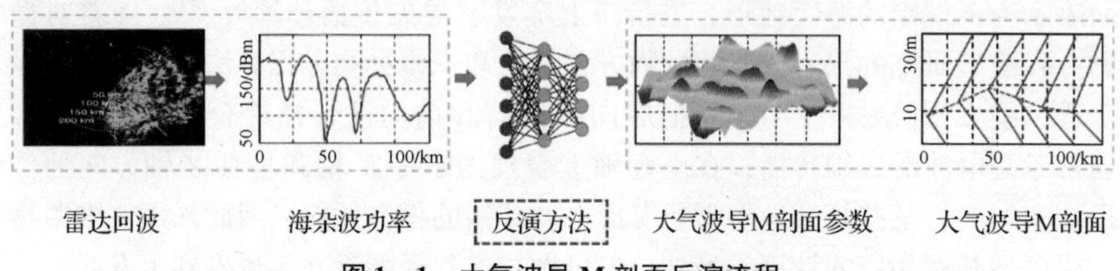

图 1-1　大气波导 M 剖面反演流程

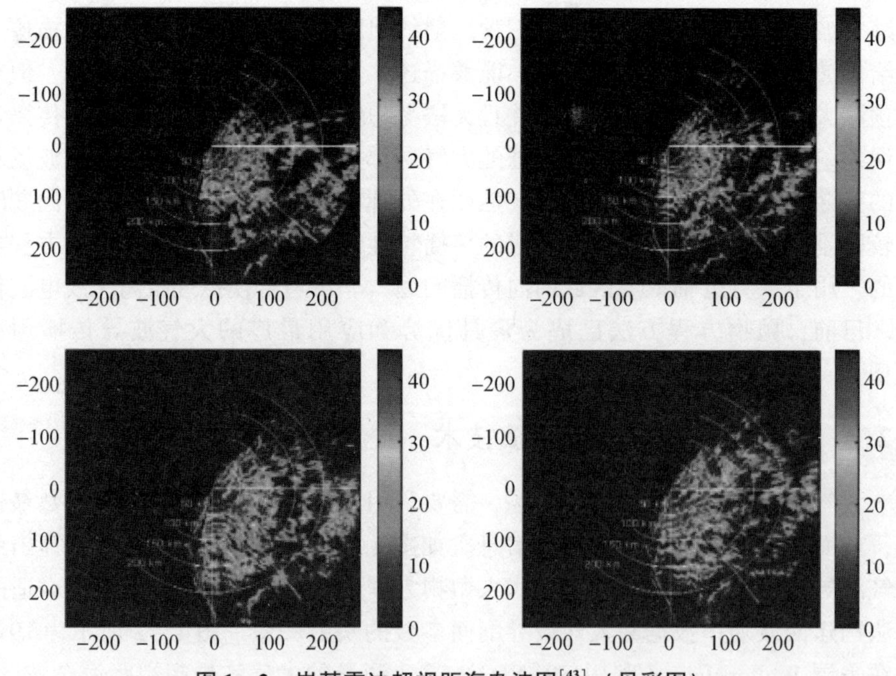

图 1-2　岸基雷达超视距海杂波图[43]（见彩图）

国内对大气波导反演的研究的起步相对较晚，但近年来也开展了大量的反演试验研究。2009—2010 年，西安电子科技大学的王波[53]、杨超[54]、张金鹏[55]等分别运用粒子群优化算法、遗传算法、模拟退火算法实现了雷达海杂波大气波导反演。2010 年，中国海洋大学孟书生[56]利用粒子群优化算法反演了大气波导剖面参数。2013—2016 年，解放军理工大学的盛峥[57]、黄思训[58]、赵小峰[59]等分别运用遗传算法、贝叶斯 - 蒙特卡罗算法、动态自适应布谷鸟搜索算法进行了海杂波反演大气波导研究。2013 年，西安邮电大学的杨超利用人工蜂群算法应用于表面波导的反演问题，2016 年又在此基础上将基于反向学习的人工蜂群算法应用于表面波导的反演问题[60]。2018 年，西北工业大学的张琪等将排斥粒子群法应用于蒸发波导折射率结构的估计。2019 年，西安电子科技大学郭晓薇等利用深度学习算法研究海杂波反演大气折射率剖面问题[61]。2020 年，赵等提出了一个基于 BP 神经网络的方法，用于预测蒸发波导高度。2021 年，中国海洋大学吴佳静等利用卷积神经网络研究了水平非均匀蒸发波导剖面反演问题[62]。2022 年，纪汉杰等引入了一个基于深度神经网络的方法，用于预测蒸发波导高度[63]。

综上所述，当前国内外用于解决大气波导反演的优化算法主要包括两大类：传统算法，如遗传算法、粒子群算法、模拟退火算法、蚁群算法及它们的混合算法；机器学习算法，如支持向量机算法、人工神经网络算法和深度学习算法。这些算法各有优缺点，因此需要搭建最优的算法用于反演大气波导研究。

1.2.4　深度学习技术研究概况

深度学习是机器学习的一个重要分支，通过基于多层神经网络的计算模型进行数据驱动下的学习。深度学习技术是机器学习技术的延伸，可分为无监督学习和有监督学习。基于目前的研究，深度学习技术包括三个主要模型：Transformer 模型、卷积神经网络（CNN）模型、递归神经网络模型（RNN）。

Transformer 模型是由谷歌在 2017 年[64]提出的。该模型给自然语言处理领域带来了新的技术，是一个具有里程碑意义的模型。随着研究的进展，Transformer 技术引入跨领域的计算机视觉任务中，开创了视觉领域的新时代。此外，基于 Transformer 的网络模型在自然语言处理领域优于基于 CNN 和 RNN 的网络模型。自注意机制有助于模拟任何输入数据的可用性。尽管时间序列的长度会发生变化，但 Transformer 模型在处理长序列信息方面具有更大的潜力。因此，基于 Transformer 的模型如雨后春笋般涌现，给计算机视觉、自然语言处理、医药、生物信息工程等领域注入了新的活力，引领了新的变革。2018 年发布的 ImageTransformer[65]是第一个将 Transformer 架构迁移到计算机视觉领域的。从 2019 年至今，基于 Transformer 的视觉模型发展迅速，出现了许多值得关注的新成果。例如，Carion 等[66]在 2020 年 5 月搭建了新的目标检测框架 DETR（检测变压器），首次将 Transformer 应用于目标检测领域。2020 年 7 月，Chen 等[67]提出了 iGPT 模型，探索 GPT－2 算法在图像上的性能和无监督精度的性能。2020 年 10 月，Dosovitskiy 等[68]提出了 ViT（vision transformer），是 Transformer 在目标检测领域的首次应用。不仅如此，Transformer 还解决了时间序列的预测问题。Lim 提出了融合时间 Transformer 的网络来学习不同尺度下的时间序列的关联关系[69]。Wu 等提出了一种结合扩展卡尔曼滤波和无迹卡尔曼滤波的前馈神经网络方法，用于提高时间序列预测的准确性[70]。Yin 提出了一种基于 Transformer[71] 的降雨序列预测模型。Dai 等[72]提出了一种名为“Transformer－XL”的新体系结构，它可以在不破坏时间一致性的情况下学习超过固定长度的依赖性，并在短序列和长序列上都取得了更好的性能。为了更好地处理长序列时间序列预测问题，Zhou 等[73]设计了一种高效的基于 Transformer 的 Informer 模型。

CNN 作为一种有监督的深度学习算法，由 LeCun 等[74]提出，并使用误差梯度算法对模型进行优化。目前有许多经典的网络模型，如 LeNet－5、AlexNet、VGGNet、ResNet、GooLeNet 等[75]。目前，CNN 在图像分类、目标检测、图像语义分割等方面取得了一系列突破性的研究成果[76]。与其他深度学习算法不同，CNN 有三个显著特征：稀疏连通性（或局部接受域）、共享权值和池化（空间二次采样）。它减少了维数采样，降低了数据在时间和空间上的维数，减少了训练参数的数量，降低了网络的复杂度，有效避免了算法的过拟合。同时，它对其他形式的转换（如缩放、倾斜和移动）是不变的，因此可以构建处理大量数据的深度学习框架。在雷达频谱感知方面，Han 等为了解决传统的频谱感知算法不能有效利用信道内存在信息的问题，研究了基于 CNN 的频谱感知算法[77]；Zhang 等针对传统机器学习算法在雷达频谱感知训练慢的问题，提出一种基于 CNN 的正交频分复用频谱感知方法[78]，将深度学习在图像处理上的优势应用到 OFDM 信号频谱感知中，即使在低信噪比环境下，算法的检测概率依然较高。刘赢等在深层 CNN 基础上，研究了雷达信号识别方法[79]，该方法提取雷达信号的双谱信息作为深层 CNN 模型的输入，然后利用模型的自学习能力提取深层特征，实现对不同调制样式雷达信号的识别。近年来，将通信信号转换为二维图像并通过图像识别实现辐射源信号的识别已成为较流行的方法。黄颖坤等提出了一种基于深度学习和集成学习的辐射源信号识别框架[80]，主要解决了如何在复杂电磁环境中有效识别辐射源信号类型的问题。首先，将雷达信号转换到时频域，并利用叠加降噪自编码模型学习时频图像的特征，进行特征提取。其次，构建一个融合不同 SVM 分类器的雷达信号识别模型。仿真结果表明，该模型提高了辐射源信号的识别精度。Zhao 等[81]首先使用灰度滤波方法处理时频分布图，然后利用深度网络学习技术实现雷达辐射源信号的识别算法。在获得二维时频图像值后，Jing 等[82]采用数字图像处理相关技术对时频图像进行预处理，最终采用 CNN 实现信号分类和识别。Paoletti 等[83]提出了 CNN 用于图像的特征提取和分类。Mh 等[84]提出了一个不同尺度的双流卷积网络用于降维。然而，这些网络仍然需要大量的标签标注进行监督学习。为了解决这个问题，Dasan 提出了卷积降噪非监督自动编码器用于电子信号降维[85]。Zhang 等提出了[86]一个卷积神经网络用于非监督的图的特征提取。

在神经网络中，RNN 最重要的特征是在时间维度上建模。每一个输入变量对应于一个时间步长和多个特征。它在网络中构建一个循环来对数据的时间维度进行建模，从而可以在时间序列数据中表现出更好的适应性[87]。长短时记忆模型（LSTM）是一种特殊的 RNN 模型。它的主要特点是时间记忆单元具有多个隐藏层。通过栅极机制控制信息传输的累积速度，并可选择性地忘记或添加先前时间状态下的新信息，可有效改善原 RNN 的长期依赖问题，增强数据拟合效果。黄江等[88]提出了一种基于支持向量回归（SVR）和 LSTM 的组合预测模型。该模型主要针对网络流量数据的随机性和波动性，提高流量预测的准确性。该模型的预测过程如下：首先提取流序列的内在模式通过变分模态分解（VMD）来减少随机噪声的影响；其次使用 LSTM 模型以适应固有模式，学习流数据的分布规律；最后分析其中的影响因素，并利用 SVR 适合剩余保证金，让所有的子预测模型进行综合叠加。综合叠加后的模型可以有效提高模型的预测精度。深度学习的快速发展为超视距的预测提供了有效的预测方法。例如，Mom 等将发射机和接收机之间的距离等信息作为 ANN 网络的输入，成功地实现了城市和农村地区的传播损耗的预测[89]；Cheerla 等通过对测量支柱间的传播损耗的差异，提出了一种混合传播损耗预测模型[90]；Popescu 等提出了户外人工神经网络传播损耗预测[91]。然而，以上方法都没有考虑超视距传播损耗时间序列的顺序特征。对于时间序列的预测，递归神经网络比人工神经网络更加合适。Ma 等提出了基于 LSTM 的伪实测海洋气象参数的海杂波功率预测[92]，Han 等提出了基于 LSTM 的黄海蒸发波导高度预测[93]，Dong 等提出了基于 LSTM 的多尺度分解算法的单维度传播损耗预测，然而串行的训练方法，训练速度较慢，很难适用于在网络深度较大的情况[94]。Bai 等提出了并行化的时间卷积网络 TCN 网络用来解决训练速度的问题[95]。更值得注意的是，TCN 网络的变体 TrellisNet 网络不仅继承了时间 CNN 的优势，并且能够通过输入注入和权重共享机制来实现时间序列非线性关系的获取[96]。

总体来看，深度学习的应用还是主要集中于自然语言处理、图像、音频领域，而本书将深度学习方法与非均匀对流层波导反演技术相结合，解决传统反演模型反演精度低、反演区域有限、反演效率低的问题，这是一种创新的尝试。与传统的方法相比，利用深度学习技术能够解决非均匀大气波导空间建模、波导条件下的海杂波与目标回波传播建模、雷达回波图与区域非均匀波导之间非线性映射模型构建等关键技术问题，虽然训练一个深度学习网络模型需要一定的时间，但是在训练后，在需要时即可直接调出，几秒就可以得到结果，能够满足区域非均匀大气波导反演能力实时探测的需求。

1.2.5 基于 CiteSpace 软件大气波导研究未来趋势分析

科学领域知识 CiteSpace 软件是近年来发展迅速的一种新型计量工具，它结合了科学计量学、计算机科学、应用数学、图形学和信息科学，为文献挖掘理论和方法的研究指明了一条新途径。为更加直观地了解大气波导目前研究成果的总体情况，本书借助 CiteSpace 文献可视化工具，通过精细化筛查，完成 Web of Science 外文数据库中 1990—2019 年近 30 年共 480 篇相关文献的图谱分析。

根据图 1-3 大气波导整体文献的年度统计数据，能够初步认识到大气波导近 30 年研究的发展情况。根据发文情况大气波导的研究划分为三个阶段：第一个阶段是 1990—2000 年，在这 10 年中，通过 Web of Science 外文数据库检索大气波导主题的文章仅发表了 82 篇，平均每年的发文量大约只有 8 篇，仅占总发文量的 17%。此时，美国等国家对许多重点战略地区进行大量对流层波导中电波传播特性实验，这一阶段的研究仍在实验探索的过程中。第二阶段为 2001—2010 年，文章的数量显著增加，10 年的总发文量为 132 篇，占论文总发表量的 28%，在第二阶段的 10 年中，中国等国家开始认识到流层波导环境对雷达、通信等系统无线电信号的严重影响，开始从事大气波导的研究。第三阶段为 2011—2019 年，在过去的 9 年中共发表了 266 篇文章，占总发文量的 55%。在这个阶段，由于科技装备的发展需要，大气探测设备的种类增加和性能提高，以及大气科学理论的发展和中尺度数值模式的快速发展，国内外又掀起了对大气波导的研究高潮。针对大气波导的探测、形成机制、诊断预报、评估和应用方面都做了系统的研究，提出了蒸发波导的诊断模型，对大气波导的机制和诊断预报进行了探讨，发展了一批大气波导探测、评估和应用软件系统，对大气波导的研究起到推动作用。

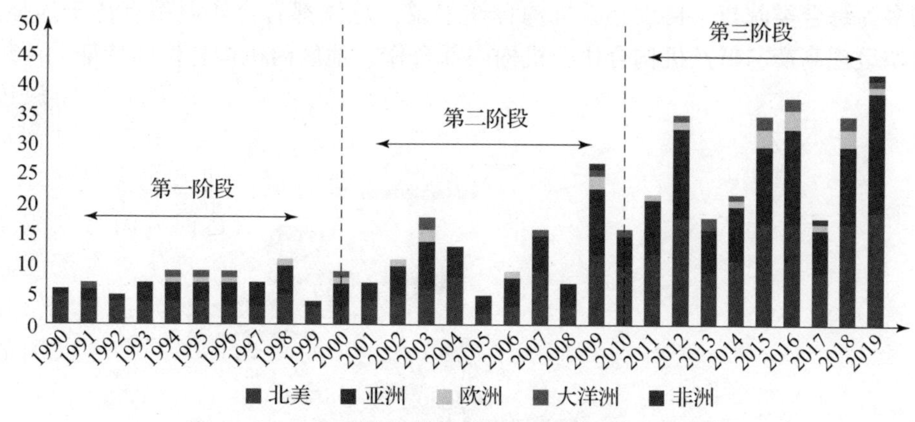

图1-3 大气波导相关文献年度发文数量（见彩图）

国内外海洋大气波导发文机构，通过 CiteSpace 对研究机构间合作发文量的情况进行了统计分析，截取了频次在 4 次以上的 20 个机构，如图 1-4 所示。论文最多的是中国人民解放军陆军工程大学 20 篇，紧随其后的是美国海军 19 篇，以及中国科学院大学 16 篇。通过对机构信息的在排名前 20 位的机构进行分析，有 11 家来自美国，分别是美国海军（United States Navy）、加利福尼亚大学（University of California）、科罗拉多大学（University of Colorado）、Naval 海军研究院（Postgraduate School）、海军大西洋空间和海战系统中心（Space & Naval Warfare System Center）、犹他州立大学（Utah State University）、盖茨新港研究协会（Newport Research Associates Gates company）、克莱门森大学（Clemson University）、海军研究实验室（Naval Research Lab）、俄亥俄州立大学（Ohio State University）、美国国家航天 & 太空总署（National Aeronautics and Space Administration）、美国海洋暨大气总署（National Oceanic and Atmospheric Administration），共发表论文 73 篇，占前 20 机构发表论文的 55.7%。其次是中国，包括中国人民解放军陆军工程大学、中国科学院大学、西安电子科技大学、中国海洋大学 4 家机构，共发表论文 45 篇，占前 20 机构发表论文的 32%。在合作的强度方面，中国科学院大学的强度最高，为 0.24，排名第一，剩余强度超过 0.1 的机构依次为俄亥俄州立大学 0.11 及美国海军 0.1。通过图 1-4 可以看出，国内外机构之间合作的关系，其中 CiteSpace 的知识图谱中包含了 290 个节点和 451 条合作关系的连线，网络密度为 0.15，合作的密度相对较低。通过国内外核心机构及合作对比分析，发现以下特征：首先，就大气波导的研究机构来讲，国外的研究机构基数较大，发文超过两次的机构有 40 个，国内发文两次的机构有 12 个。其次，就研究机构的性质来讲，国内外的研究机构均以高校为主，国内的高产机构以海洋类院校为主，国外的高产机构多为综合类院校。再次，就机构合作来说，总体都有合作但都有待于加强，合作呈现高产与低产机构合作、机构内部合作、地区内机构合作的特征。

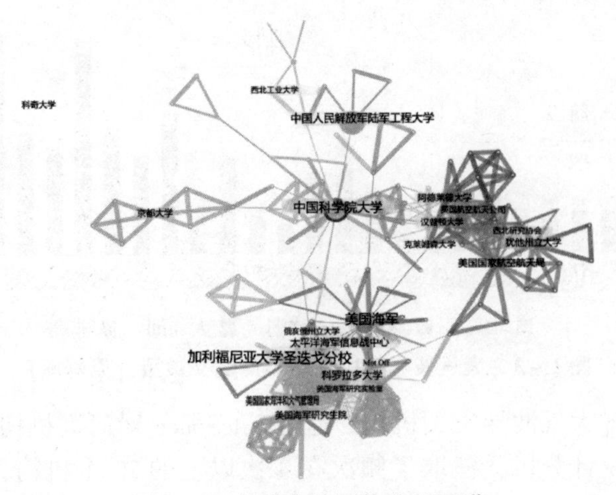

图 1-4　机构合作网络分析图谱

关键词分析是一种重要的文献研究方法，它是文献计量学的重要组成部分。通过对文献中的关键词进行客观统计，从关键词数量、关键词词频、关键词共现、关键词网络等角度进行统计分析，运用定量的研究方法定性地分析文献内在规律。通过分析学科领域相关文献中的高频关键词，结合学科研究的整理特征，客观地揭示和呈现学科领域相关知识结构和内在关联，从特定的角度揭示某一学科领域的研究方向和热点。如图 1-5 所示，使用 CiteSpace 对 1990—2019 年的海洋大气波导研究文献的关键词进行共现分析。时间跨度设置为 1990—2019 年，单个时间分区为 1 年，阈值设为排名前二十，剪裁算法

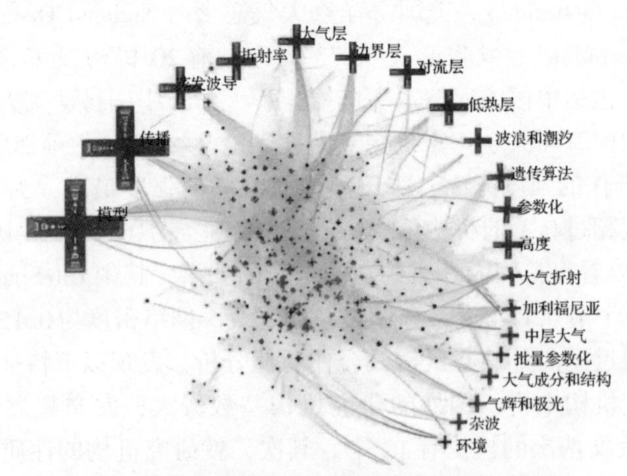

图 1-5　大气波导研究领域未来发展趋势关键词

设置为寻径。为了使本图具有观赏性，剪裁策略两种都选，其他采用系统的默认格式，总共得到 99 个节点和 161 条合作关系连线，并得到了排名前十的高频高中心性关键词表。在图谱中，“模型 - model”（出现 236 次）、“传播 - propagation”（出现 217 次）、“蒸发波导 - evaporation duct”（出现 171 次）、“折射率 - refractivity”（出现 240 次）等关键词高频出现在近几年的研究成果中，是当前大气波导反演及预测研究的主要方向和未来发展的重要趋势。从以上高频词集合中，我们可以得出结论，通过训练和紧密词集得到的相关词与“大气波导”和“模型”以及“蒸发波导”和“折射率”有关，可以预测大气波导关注的未来趋势。

这些研究成果为大气波导领域的研究人员了解大气波导的研究现状和趋势提供了宝贵的意见。当前的目标是向精细化和智能化的方向发展。然而，我国对大气波导的研究仍局限于对大气波导的一般概念和具体类型的理解，缺乏顶层设计或系统规划，需要有效的组织协调，以及深入的理论模型和技术应用研究。通过合作交流、科学规划、合理布局，提高对流层大气波的应用研究能力。

1.3　关键问题及创新点

综上所述，有关对流层大气波导的技术研究涉及的概念和理论较多，不能全部展开论述。本书主要选取雷达海杂波反演大气波导的两个关键问题——大气波导环境下传播损耗预测方法与非均匀大气波导反演方法进行研究，就如何设计对复杂海上环境下非均匀大气波导实时变化进行精准刻画，提出三个关键问题及相应的创新点。

1.3.1　关键问题

（1）基于大气波导环境知识驱动的模式下，设计适用于超视距传播损耗预测的深度神经网络模型，能对不同气候条件的大气波导传播损耗进行解释分析，并对传播损耗进行准确预测；

（2）研究水平距离向非均匀大气波导剖面反演方法，设计人工智能方法的端到端的雷达海杂波大气波导反演方法，实现对水平距离大气波导剖面参数的精准反演；

（3）针对全空间海上非均匀大气波导剖面反演精度低、反演区域有限、反演效率低等制约空间大气波导反演的问题，实现全方位的大气波导反演方法研究，将方法部署于导航雷达设计模块。

1.3.2 创新点

(1) 针对大气波导环境下超视距传播损耗时间序列预测精度低的问题，本书构建了一维卷积自编码器模型，在数据去噪基础上，提出了一种新颖的环境知识驱动深度学习框架 SL - TrellisNets，实现超视距传播损耗预测。此外，本书首次结合深度学习框架，对影响传播损耗预测精度的五种环境因素进行了影响程度分析。

(2) 针对高维度的水平距离非均匀波导剖面参数导致反演运算难以实现的问题，本书构建了一种基于一维残差卷积自动编码器网络的海上非均匀大气波导剖面降维方法，并提出了深度学习网络框架来实现雷达海杂波非均匀蒸发波导及表面波导剖面反演。

(3) 针对海上区域非均匀蒸发波导由测量实施难度大导致的数据有限、预测精度低的问题，本书建立了耦合二维马尔可夫链非均匀蒸发波导剖面空间模型，并通过非均匀蒸发波导图构建，提出了 MM - VIT 模型构建非均匀蒸发波导剖面图与360°海杂波功率图之间的非线性映射关系，实现了海上对流层波导全方位非均匀剖面参数反演。

1.4 本书研究内容

针对区域非均匀大气波导监测反演能力提升的需求，本书围绕如何实现水平非均匀的大气波导有效反演，开展了基于深度学习的不同环境知识对大气波导环境超视距传播损耗预测的影响分析，建立了能够解决高维度水平非均匀大气波导降维及反演的深度学习模型，研究适用于全方位导航雷达图的非均匀蒸发波导全方位反演新方法。如图 1 - 6 所示，开展以下工作。

(1) 可精准感知水平非均匀大气波导变化且低复杂度高效率的波导反演模型。在低模型复杂度方面，构建了一种基于一维残差卷积自动编码器网络的海上非均匀大气波导剖面降维方法，同时为了提高模型的有效性，实现了随水平方向移动的非均匀蒸发波导及表面波导剖面的有效提取，并且通过深度学习网络模块的设计，避免了由网络层加深引起的网络过拟合。

(2) 提出环境知识驱动下的超视距传播损耗预测模型。为实现大气波导环境下的超视距传播损耗的精准预测，一方面，通过构建一维卷积自编码器数据去噪模型，实现数据的时间噪声过滤。另一方面，提出了一种新颖的环境知识驱动深度学习框架——SL - TrellisNets，实现超视距传播损耗预测。并且，针对缺乏对影响超视距传播损耗预测精度的环境知识问题，首次结合深度学习框架对超视距传播损耗预测精度的五种环境影响因素进行了贡献力分析。

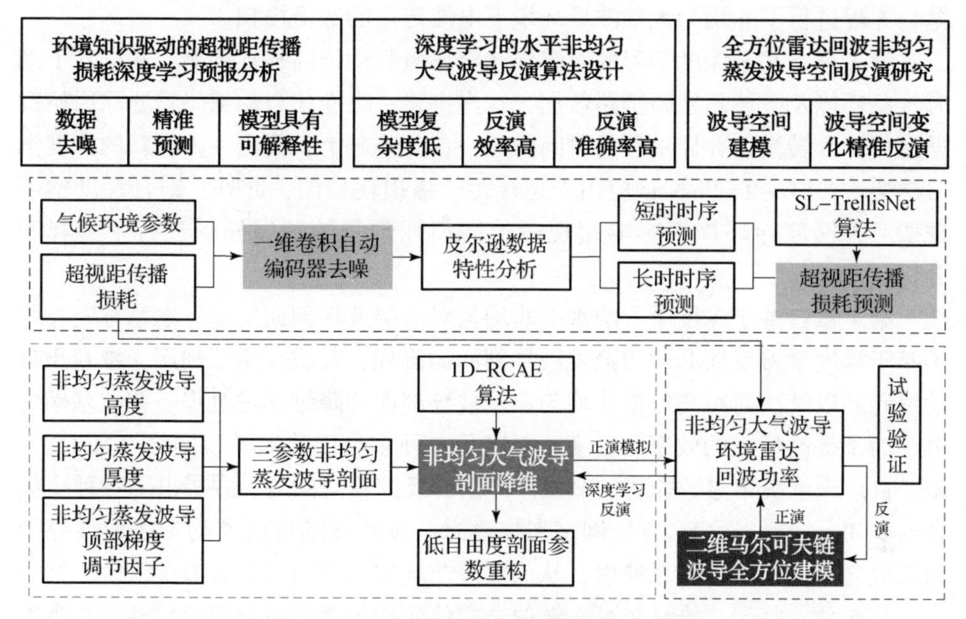

图 1-6　大气波导反演关键技术研究路径

(3) 填补波导全方位信息缺失，实现全方位雷达回波的蒸发波导实时高效反演。为实现全方位非均匀蒸发波导剖面变化的精准描述，提出改进的耦合二维马尔可夫链，实现全方位非均匀蒸发波导图建模，并通过非均匀蒸发波导图构建，提出深度学习 MM-VIT 模型，构建非均匀波导剖面图与全方位雷达海杂波功率图之间的非线性映射关系。

最后，将轻量化的模型在所设计的导航雷达上部署，可以形成适合海上非均匀大气波导环境的实时全方位反演研究技术，提供支撑基于导航雷达系统性能的在线评估所需的实用反演模块。

1.5　本书章节安排

第 1 章：绪论。本章主要对海上对流层大气波导研究的背景和意义进行阐述，分别对海上对流层波导环境特性研究、海上对流层波导环境传播理论研究、海上对流层波导的反演技术、深度学习技术等国内外研究发展现状进行叙述，并简单介绍了研究内容、章节安排。

第 2 章：对流层大气波导分类及波导传播基本理论。本章主要描述了大气波导的概念，并介绍了大气波导分类及形成机制，给出了不同类型的大气波导预测模型，介绍了无线电波传播特性的建模方法——抛物方程模型，并用二维抛物方程进行了非均匀大气波导环境下电波传播的数值模拟。

第3章：基于深度学习的对流层波导环境驱动传播损耗预测。本章基于渤海气象环境及微波超视距链路数据，首先搭建一维卷积自动编码器滤除原始数据在传输、转换、存储过程的时间噪声；在此基础上，提出一种新颖的深度学习框架——SL－TrellisNets应用于超视距传播损耗预测；此外，结合深度学习框架对大气波导环境下影响超视距传播损耗预测的环境知识进行了解释和分析。

第4章：基于深度学习的水平非均匀对流层波导剖面反演。本章首先介绍了基于深度学习反演非均匀蒸发波导剖面的流程，其次介绍了利用一维卷积自动编码器以解决对距离方向非均匀蒸发波导剖面的降维学习过程。在此基础之上，为了提高反演的效率和精度，提出了一种多尺度残差卷积网络（MSCA－ResNet）来解决单参数非均匀蒸发波导剖面反演精度问题，并提出了一种全耦合卷积Transformer（FCCT）网络来构建海杂波和低维度的非均匀表面波导剖面参数之间的非线性关系映射，从而实现非均匀大气波导的有效反演。

第5章：基于二维马尔可夫链的全方位非均匀蒸发波导剖面建模。本章首先描述了蒸发波导剖面的空间分布情况，将多个方向上的一维马尔可夫链进行耦合，提出了适用于多维度蒸发波导剖面模拟的耦合二维马尔可夫链模型；其次，由于不同距离处的蒸发波导剖面分布较为离散，作为耦合马尔可夫链主要输入参数之一的横向转移概率矩阵较难获取，对二维马尔可夫链模型及其输入参数的评估方法进行进一步改进，使该模型的模拟效果不受交界面倾斜方向及水平距离采样点数据的限制。

第6章：基于深度学习的全方位非均匀蒸发波导剖面反演。在非均匀蒸发波导参数建模基础上，本章首先介绍了深度学习全方位非均匀蒸发波导反演的需求，随后介绍了基于二维马尔可夫链进行全方位非均匀蒸发波导数据集的构建过程，接下来详细描述了适用于非均匀蒸发波导剖面空间反演的MM－VIT网络结构，用来实现非均匀蒸发波导高度的全空间高精度反演，最后介绍了全方位导航雷达安装部署。

参考文献

[1]张玉生，郭相明，赵强，等．大气波导的研究现状与思考[J]．电波科学学报，2020，35(6)：813－831．

[2]MARSHALL R E，WISS V R，THORNTON W D，et al. Mult－wavelength radar performance modeling during an extreme clear air propagation event over the Persian Gulf[C]//Proceedings of the Fourth European Conference on Antennas and Propagation. IEEE，2010：1－5.

[3]刘桂艳，连喜虎，高山红，等．青岛近岸一次海陆风过程中大气波导成因的数值研究[J]．海洋预报，

2021,38(4):19 - 26.

[4]LEVY M. Parabolic equation methods for electromagnetic wave propagation[M]. London:The Institution of Engineering and Technology,2000.

[5]刘成国.蒸发波导环境特性和传播特性及其应用研究[D].西安:西安电子科技大学无线电物理系,2003.

[6]成印河,何宜军,赵振维.资料同化对大气波导数值模拟研究的影响[C].武汉:第十届全国电波传播学术讨论年会,2009:160 - 164.

[7]王本洪,焦林.水平非均匀性蒸发波导诊断及其对雷达探测的影响[J].海洋技术学报,2019,38(4):66 - 70.

[8]KUTTLER J R,DOCKERY G D. Theoretical description of the parabolic approximation/Fourier split - step method of representing electromagnetic propagation in the troposphere[J]. Radio Science,1991,26(2):381 - 393.

[9]张金鹏,张玉石,吴振森.基于雷达海杂波的区域性非均匀蒸发波导反演方法[J].物理学报,2015,64(12):140 - 150.

[10]AMENT W S. Toward a theory of reflection by a rough surface[J]. Proceedings of the IRE,1953,41(1):142 - 146.

[11]MILLER A R,BROWN R M,VEGH E. New derivation for the rough - surface reflection coeffi - cient and for the distribution of sea - wave elevations[C]//IEE Proceedings H - Microwaves,Optics and Antennas. 1984,2(131):114 - 116.

[12]BENHMAMMOUCH O,CAOUREN N,KHENCHAF A. Modeling of roughness effects on electro - magnetic waves propagation above sea surface using 3D parabolic equation[C]//2009 IEEE International Geoscience and Remote Sensing Symposium. IEEE,2009,2:Ⅱ - 817 - Ⅱ - 820.

[13]ATTWOOD S S. Radio - Wave Propagation between World Wars Ⅰ and Ⅱ[J]. Proceedings of the IRE,1962,50(5):688 - 691.

[14]KATZIN M,BAUCHMAN R W,BINNIAN W. 3 - and 9 - centimeter propagation in low ocean ducts[J]. Proceedings of the IRE,1947,35(9):891 - 905.

[15]PAULUS R A. VOCAR:An experiment in variability of coastal atmospheric refractivity[C]//Proceedings of IGARSS' 94 - 1994 IEEE international geoscience and remote sensing sy - mposium. IEEE,1994,1:386 - 388.

[16]HITNEY H V,RICHTER J H,PAPPERT R A,et al. Tropospheric radio propagation assessment[J]. Proceedings of the IEEE,1985,73(2):265 - 283.

[17]WANG Q,ALAPPATTU D P,BILLINGSLEY S,et al. CASPER:Coupled air - sea processes and electromagnetic ducting research[J]. Bulletin of the American Meteorological Society,2018,99(7):1449 - 1471.

[18]KULESSA A S,BARRIOS A,CLAVERIE J,et al. The tropical air - sea propagation study(TAPS)[J]. Bulletin of the American Meteorological Society,2017,98(3):517 - 537.

[19]刘成国,潘中伟.中国低空大气波导出现概率和波导特征量的统计分析[J].电波科学学报,1996,11(2):60 - 66.

[20]戴福山.海洋大气近地层折射指数模式及其在蒸发波导分析上的应用[J].电波科学学报,1998,13(3):1 - 7.

[21]田斌,察豪,李杰,等.PJ模型和伪折射率模型特性对比[J].华中科技大学学报:自然科学版,2009

(9):29 - 32.

[22]田斌,孔大伟,周沫,等. 蒸发波导迭代 MGB 模型适用性研究[J]. 电波科学学报,2013,28(3):188 - 192.

[23]宋伟,察豪,田树森. 利用 PJ 模型计算最低陷获频率的适应性[J]. 火力与指挥控制,2012,37(3):146 - 149.

[24]田斌,察豪,张玉生,等. 蒸发波导 A 模型在我国海区的适应性研究[J]. 电波科学学报,2009,24(3):556 - 561.

[25]左雷,察豪,田斌,等. 海上蒸发波导 PJ 模型在我国海区的适应性初步研究[J]. 电子学报,2009,37(5):1100 - 1103.

[26]李诗明,陈陟,乔然,等. 海上蒸发波导模式研究进展及面临的问题[J]. 海洋预报,2005,22(z1):128 - 139.

[27]郭相明,康士峰,张玉生,等. 蒸发波导模型特征及其适用性研究[J]. 海洋预报,2013,30(5):75 - 83.

[28]韩佳,焦林. 舰载对海雷达大气波导盲区评估及其补盲措施研究[J]. 海洋技术学报,2017,36(6):91 - 95.

[29]焦林,张永刚. 大气波导条件下雷达电磁盲区的研究[J]. 西安电子科技大学学报(自然科学版),2007,34(6):989 - 994.

[30]赵小龙,黄际英,王海华. 蒸发波导环境中的雷达探测性能分析[J]. 电波科学学报,2006,21(6):891 - 894.

[31]黄小毛,张永刚,王华,等. 大气波导对雷达异常探测影响的评估与试验分析[J]. 电子学报,2006,34(4):722 - 725.

[32]姚洪滨,王桂军,张尚悦. 气象因素影响下的雷达作用距离预测[J]. 大连海事大学学报,2005,31(1):35 - 38.

[33]WAIT J R. Review of mode theory of radio propagation in terrestrial ducts[J/OL]. Reviews of Geophysics,1963,1(4):481 - 505. https://doi.org/10.1029/RG001i004p00481.

[34]LENTOVICH M A,FOCK V A. Solution of propagation of electromagnetic waves along the earth's surface by the method of parabolic equations[J]. Journal Physics USSR,1946,10:13 - 23.

[35]Abdul - Jauwad S H,Khan P Z,Arabia S. Prediction of radar coverage under anomalous propagation condition for a typical coastal site:A case study[J]. Radio science,1991,26(04):909 - 919.

[36]KUTTLER J R,DOCKERY G D. Theoretical description of the parabolic approximation/Fourier split - step method of representing electromagnetic propagation in the troposphere[J]. Radio science,1991,26(2):381 - 393.

[37]OZGUN O,SAHIN V,ERGUDEN M E,et al. PETOOL v2.0:Parabolic Equation Toolbox with evaporation duct models and real environment data[J]. Computer physics communications,2020,256:107454.

[38]LEONTOVICH M A,FOCK V A. Solution of the problem of propagation of electromagnetic waves along the earth's surface by the method of parabolic equation[J]. J. Phys. Ussr,1946,10(1):13 - 23.

[39]HARDIN R H. Applications of the split - step Fourier method to the numerical solution of nonlinear and variable coefficient wave equations[J]. Siam Rev.,1973(15):423.

[40]Friis H T. Noise figures of radio receivers[J]. Proceedings of the IRE,1944,32(7):419 - 422.

[41]BUCKINGHAM M J. Noise in electronic devices and systems[M]. New York:Halsted Press,1983.

[42]YARDIM C. Statistical estimation and tracking of refractivity from radar clutter[M]. San Diego:University of

California Press,2007.
[43]GERSTOFT P,HODGKISS W S,ROGERS L T,et al. Probability distribution of low – altitude pro – pagation loss from radar sea clutter data[J]. Radio science,2004,39(6):1 – 9.
[44]ROGERS L T,JABLECKI M,GERSTOFT P. Posterior distributions of a statistic of propagation loss inferred from radar sea clutter[J]. Radio Science,2005,40(6):1 – 14.
[45]YARDIM C,GERSTOFT P,HODGKISS W S. Estimation of radio refractivity from radar clutter using Bayesian Monte Carlo analysis[J]. IEEE Transactions on Antennas and Propagation,2006,54(4):1318 – 1327.
[46]YARDIM C,GERSTOFT P,HODGKISS W S. Tracking atmospheric ducts using radar clutter: evaporation duct tracking using Kalman filters[C]//2007 IEEE Antennas and Propagation Society International Symposium. IEEE,2007:4609 – 4612.
[47]YARDIM C,GERSTOFT P,HODGKISS W S. Estimation of radio refractivity from radar clutter using Bayesian Monte Carlo analysis[J]. IEEE Transactions on Antennas and Propagation,2006,54(4):1318 – 1327.
[48]YARDIM C,GERSTOFT P,HODGKISS W S. Tracking refractivity from clutter using Kalman and particle filters[J]. IEEE Transactions on Antennas and Propagation,2008,56(4):1058 – 1070.
[49]KARIMIAN A,YARDIM C,GERSTOFT P,et al. Refractivity estimation from sea clutter: An invited review [J]. Radio science,2011,46(6):1 – 16.
[50]KARIMIAN A,YARDIM C,HODGKISS W S,et al. Estimation of radio refractivity using a multiple angle clutter model[J]. Radio Science,2012,47(3):1 – 9.
[51]XU L,YARDIM C,MUKHERJEE S,et al. Frequency diversity in electromagnetic remote sensing of lower atmospheric refractivity[J]. IEEE Transactions on Antennas and Propagation,2021,70(1):547 – 558.
[52]王波. 基于雷达杂波和 GNSS 的大气波导反演方法与实验[D]. 西安:西安电子科技大学光学系,2011.
[53]杨超. 大气波导中电磁波传播及反演关键技术[D]. 西安:西安电子科技大学无线电物理系,2010.
[54]ZHANG J P, ZHANG Y S, WU Z S,et al. Inversion of regional range – dependent evaporation duct from radar sea clutter[J]. Acta Physica Sinica,2015,64(12):1 – 12.
[55]孟书生. 海洋大气波导电磁传播模型及波导参数反演算法研究[D]. 青岛:中国海洋大学凝聚态物理系,2010.
[56]SHENG Z. The estimation of lower refractivity uncertainty from radar sea clutter using the Bayesian—MCMC method[J]. Chinese Physics B,2013,22(2):029302.
[57]赵小峰,黄思训. 大气波导条件下雷达海杂波功率仿真[J]. 物理学报,2013,62(9):548 – 554.
[58]赵小峰,黄思训,康林春. 解决电磁抛物方程计算的新方法[J]. 应用数学和力学,2013,34(11):1373 – 1382.
[59]杨超,高涅,陈竞,等. 改进人工蜂群算法统计反演大气波导的比较[J]. 西安邮电大学学报,2017,22(1):73 – 77.
[60]GUO X,WU J,ZHANG J,et al. Deep learning for solving inversion problem of atmosphereic refractivity estimation[J]. Sustainable Cities and Society,2018,43:524 – 531.
[61]WU J,WEI Z,ZHANG J,et al. Full – coupled convolutional transformer for surface – Based duct refractivity inversion[J]. Remote Sensing,2022,14(17):4385.
[62]JI H,YIN B,ZHANG J,et al. Joint inversion of evaporation duct based on radar sea clutter and target echo using deep learning[J]. Electronics,2022,11(14):2157.

[63]VASWANI A,SHAZEER N,PARMAR N,et al. Attention is all you need[J]. Advances in neural information processing systems,2017,30:arXiv. 1706. 03762.

[64]PARMAR N,VASWANI A,USZKOREIT J,et al. Image transformer[C]//International conference on machine learning. PMLR,2018:4055 – 4064.

[65]CARION N,MASSA F,SYNNAEVE G,et al. End – to – end object detection with transformers[C]//European conference on computer vision. Cham:Springer International Publishing,2020:213 – 229.

[66]CHEN M,RADFORD A,CHILD R,et al. Generative pretraining from pixels[C]//International conference on machine learning. PMLR,2020:1691 – 1703.

[67]DOSOVITSKIY A. An image is worth 16 × 16 words:transformers for image recognition at scale[J]. arXiv preprint arXiv:2010. 11929,2020.

[68]LIM B,ARıK S Ö,LOEFF N,et al. Temporal fusion transformers for interpretable multihorizon time series forecasting[J]. International Journal of Forecasting,2021,37(4):1748 – 1764.

[69]WU X,WANG Y. Extended and Unscented Kalman filtering based feedforward neural networks for time series prediction[J]. Applied Mathematical Modelling,2012,36(3):1123 – 1131.

[70]YIN H,GUO Z,ZHANG X,et al. RR – Former:Rainfall – runoff modeling based on Transformer[J]. Journal of Hydrology,2022,609:127781.

[71]DAI Z. Transformer – xl:attentive language models beyond a fixed – length context[J]. arX – iv preprint arXiv:1901. 02860,2019.

[72]ZHOU H,ZHANG S,PENG J,et al. Informer:Beyond efficient transformer for long sequence time – series forecasting[C]//Proceedings of the AAAI conference on artificial intelligence. 2021,35(12):11106 – 11115.

[73]LECUN Y,BOTTOU L,BENGIO Y,et al. Gradient – based learning applied to document recognition[J]. Proceedings of the IEEE,1998,86(11):2278 – 2324.

[74]WU S,ZHONG S,LIU Y. Deep residual learning for image steganalysis[J]. Multimedia tools and applications,2018,77:10437 – 10453.

[75]KRIZHEVSKY A,SUTSKEVER I,HINTON G E. ImageNet classification with deep convolutional neural networks[J]. Communications of the ACM,2017,60(6):84 – 90.

[76]韩冬. 基于深度学习的频谱感知方法研究[D]. 长春:长春理工大学信息与通信工程系,2018.

[77]张孟伯,王伦文,冯彦卿. 基于卷积神经网络的 OFDM 频谱感知方法[J]. 系统工程与电子技术,2019,41(1):178 – 186.

[78]刘赢,田润澜,王晓峰. 基于深层卷积神经网络和双谱特征的雷达信号识别方法[J]. 系统工程与电子技术,2019,4(9):1998 – 2005.

[79]黄颖坤,金炜东,余志斌. 基于深度学习和集成学习的辐射源信号识别[J]. 系统工程与电子技术,2018,40(11):2420 – 2425.

[80]赵敏. 深度学习下的雷达辐射源信号分类识别[D]. 西安:西安电子科技大学电子与通信工程系,2017.

[81]井博军. 基于深度学习的雷达辐射源识别技术研究[D]. 西安:西安电子科技大学信息与通信工程系,2017.

[82]PAOLETTI M E,HAUT J M,PLAZA J,et al. A new deep convolutional neural network for fast hyperspectral image classification[J]. ISPRS journal of photogrammetry and remote sensing,2018,145:120 – 147.

[83]HAN M,CONG R,LI X,et al. Joint spatial – spectral hyperspectral image classification based on convolu-

tional neural network[J]. Pattern Recognition Letters,2020,130:38 - 45.

[84] DASAN E,PANNEERSELVAM I. A novel dimensionality reduction approach for ECG signal via convolutional denoising autoencoder with LSTM[J]. Biomedical Signal Processing and Control,2021,63:102225.

[85] ZHANG M,GONG M,MAO Y,et al. Unsupervised feature extraction in hyperspectral images based on Wasserstein generative adversarial network[J]. IEEE Transactions on Geoscience and Remote Sensing,2018,57(5):2669 - 2688.

[86] VINAYAKUMAR R,SOMAN K P,POORNACHANDRAN P. Applying deep learning approaches for network traffic prediction[C]//2017 International Conference on Advances in Computing, Communications and Informatics(ICACCI). IEEE,2017:2353 - 2358.

[87] 江务学. 基于结构优化递归神经网络的网络流量预测[J]. 西南大学学报:自然科学版,2016,38(2):149 - 154.

[88] MOM J M,MGBE C O,IGWUE G A. Application of artificial neural network for path loss prediction in urban macrocellular environment[J]. Am. J. Eng. Res,2014,3(2):270 - 275.

[89] CHEERLA S,RATNAM D V,BORRA H S. Neural network - based path loss model for cellular mobile networks at 800 and 1800 MHz bands[J]. AEU - International Journal of Electronics and Communications, 2018,94:179 - 186.

[90] POPESCU I,NIKITOPOULOS D,CONSTANTINOU P,et al. ANN prediction models for outdoor environment [C]//2006 IEEE 17th International Symposium on Personal,Indoor and Mobile Radio Communications. IEEE,2006:1 - 5.

[91] MA L,WU J,ZHANG J,et al. Sea clutter amplitude prediction using a long short - term memory neural network[J]. Remote Sensing,2019,11(23):2826.

[92] HAN J,WU J J,ZHU Q L,et al. Evaporation duct height nowcasting in China's Yellow Sea based on deep learning[J]. Remote Sensing,2021,13(8):1577.

[93] DANG M,WU J,CUI S,et al. Multiscale decomposition prediction of propagation loss in oceanic tropospheric ducts[J]. Remote Sensing,2021,13(6):1173.

[94] BAI S,KOLTER J Z,KOLTUN V. An empirical evaluation of generic convolutional and recurrent networks for sequence modeling[J]. arXiv preprint arXiv:1803.01271,2018.

[95] BAI S,KOLTER J Z,KOLTUN V. Trellis networks for sequence modeling[J]. arXiv preprint arXiv:1810.06682,2018.

第2章　对流层大气波导分类及波导传播基本理论

地球表面上覆盖着一层大气层，包含各种气体、悬浮液体和固态粒子[1]。大气随着高度变化呈现不同的特点。从温度和电性角度出发，整个大气层可分成不同的层次，如图2-1所示。

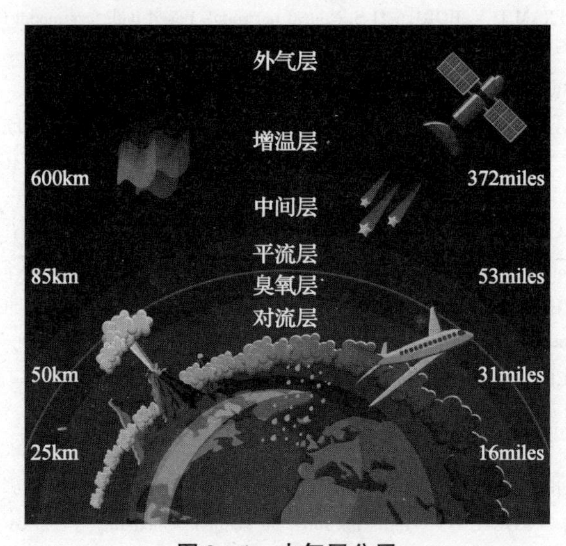

图2-1　大气层分层

对流层位于大气层的底层，与地球表面紧密相连[2]。它的高度通常从地球表面开始，向上延伸9～12km[3]。

大气折射率是指由沿着传播路径折射率的变化引起的传播路径弯曲，是由氮气、氧气、二氧化碳和水蒸气等分子空气粒子引起的[4-5]。斯涅尔定律给出了其中两种介质间边界层折射角和入射角之间的关系。当其中一种介质是真空或空气时，大气折射指数 n 定义为[6]

$$n = c/v \tag{2.1}$$

式中：c 为光速；v 为当前介质中的电磁波传播速度。

大气折射指数 n 决定了电磁波在大气中传播的受影响程度，地球表面的大气折射指数一般为1.00025[7]。由于其数值较小，在研究计算电波传播时改为使用重新定义的大气折射率N。大气折射指数n与大气折射率N的换算关系式为

$$N=(n-1)\times10^6=(77.6/T)\times(p+4810e/T) \tag{2.2}$$

式中：p为大气压力（hPa）；T为大气热力学温度（K）；e为水汽分压（hPa）。

当电磁波传输距离较短时，此时地球表面就可以视为一个平面去处理[8]。相反，距离较远时，就需要考虑地球曲率对电波传播的影响，在这种情况下一般使用由地球曲率修正的大气修正折射率M来表示电磁波在大气中的传播情况[9]：

$$M=N+h/r_e\times10^6=N+0.157h \tag{2.3}$$

式中：r_e表示平均地球半径，其数值为3671km；h表示海拔高度（m）。

当大气压力和水汽湿度随着高度快速下降而温度却下降比较缓慢时，大气折射率通常随高度升高而下降[10]。当$dN/dh=0$时，则说明此时大气环境是均匀的。因此以$dN/dh=0$为参考，如图2-2所示，实际大气环境中的大气折射效应可以分为四种情况：负折射、正常折射、超折射和陷获折射[11]。

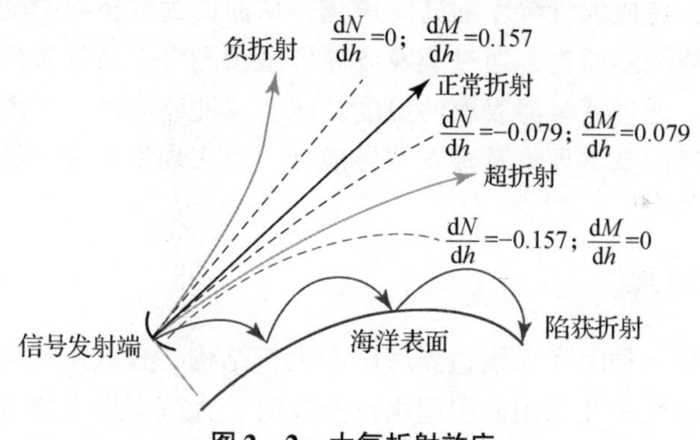

图2-2　大气折射效应

对于陷获折射，往往是由于电磁波的大部分能量被限制在一定的高度区域内，在一定的大气环境中向前传播损耗较小。这种无线电波以低损耗长距离传播的大气结构，称为大气波导。

大气波导主要发生在对流层大气边界层，受大气温度、湿度、气压等环境因素影响，其中大气温度、湿度、气压的垂直梯度直接决定了大气折射的类型。

大气波导可以使电磁波实现超视距传输，这也正是研究的目的所在。大气波导并不是在任意条件下都能实现超视距传输，它需要满足一定的传播角度和频率。

在合适的无线电频段（蒸发波导主要影响频率1GHz以上的电磁波，表面波导能够影响100MHz以上的电磁波）、天线高度和传播方向上，电磁波能够在特定对流层气象条件下产生的特殊大气层结构中通过折射和反射作用，以较小的能量衰减特性传播无线电信号，从而实现超视距传播。

2.1 对流层大气波导分类及形成机制

研究结果表明，大气波导形成的物理机制主要是蒸发过程和逆温过程。按照波导层相对于海平面的高度，大气波导可以分为表面波导、悬空波导，其中表面波导又可以分为无基础的表面波导和含基础层的表面波导。

通常可以将上述大气波导类型细分为蒸发波导、表面波导和悬空波导。其中，对舰艇上电子设备影响较大的波导为蒸发波导和表面波导。表面波导多由气团对流和海上水蒸气较强的蒸发条件造成。蒸发波导发生概率较高，在海上蒸发波导条件下几乎一直存在，其形成条件主要是在气海边界层不均衡热力结构下，海水蒸发使大量水蒸气聚集在海水表面，并通过风的作用使水蒸气扩散到一定的高度，造成大气湿度随高度锐减，从而使大气折射率随高度的升高而降低。对于作战舰艇而言，通过蒸发波导模型预测海上波导条件是最便捷和易于实现的方法。通过测量海表面的温度及海上风速、湿度、气温、气压等大气条件，利用大气的基本理论及蒸发波导模型，可实现海上大气波导折射率廓线的计算。

2.1.1 蒸发波导

蒸发波导是一种海洋大气边界底层的大气结构，且其出现频率非常高。当海面上由于海－气相互作用而引起水汽蒸发时，大气湿度会随着高度的升高而骤降，从而形成较大的湿度梯度变化，此时就会出现蒸发波导环境，本质上蒸发波导是特殊的无基础层表面波导类型。

根据众多学者的试验发现，海洋上的蒸发波导几乎总是存在的，但是其存在高度和强度会因海域、天气、时节的不同而发生较大的变化。通常情况下，蒸发波导发生在海洋环境40m以下的近海面大气环境中，因此对海岸、舰载雷达和通信影响严重。蒸发波导也将作为本书重点研究的波导类型。

为了解蒸发波导进而利用蒸发波导的特性提升雷达和通信设备的性能，就需要掌握蒸发波导的形成机理，波导形成机理示意图如图2－3所示。

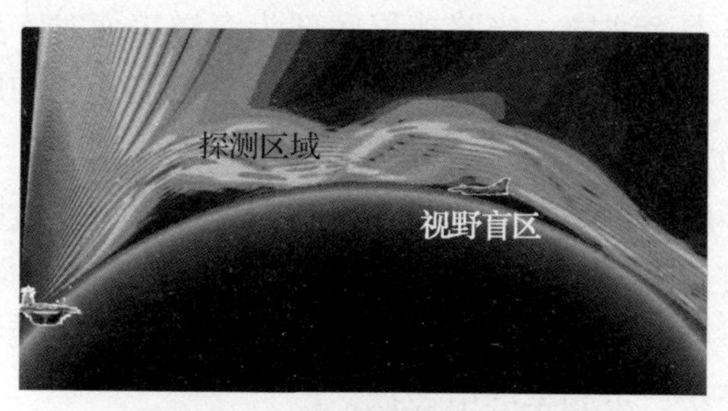

图2-3　波导形成机理示意图

蒸发波导是一种由海水蒸发形成的贴海波导，大气和海洋边界层存在不平衡热力结构，海洋表面在海-气耦合作用下水汽蒸发形成大量水蒸气并聚集在海表近地面层附近，然后通过海风运输作用使海面水蒸气扩散到一定区域内，在此区域界面上空是水汽含量较少的干空气，下方则是含有水汽的湿空气，而海洋表面的水汽含量是饱和的。因此，从海表面到界面层内，水汽含量随着高度的增加而锐减并形成水汽通量梯度结构，进而形成蒸发波导。如图2-4所示，蒸发波导大气修正折射率剖面通常用对数函数进行表示：

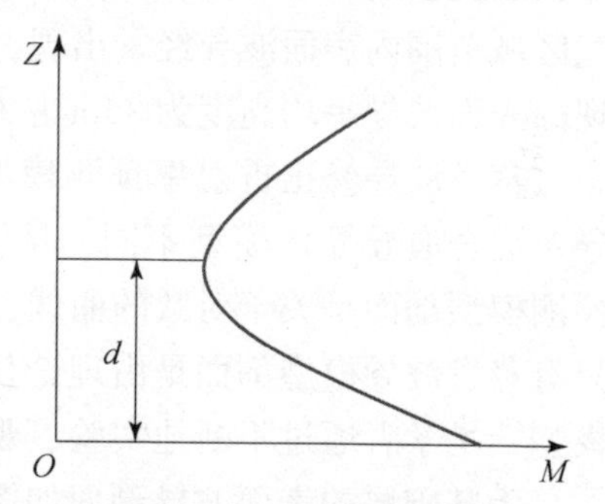

图2-4　蒸发波导剖面

$$M(z) = M_0 + 0.13z - 0.13d\ln[(z + z_0)/z_0] \tag{2.4}$$

式中：M 为大气修正折射率；M_0 为海表面大气修正折射率；z 为海拔高度；z_0 为海面粗糙度长度，取常数 1.5×10^{-4}；d 为蒸发波导高度。

蒸发波导陷获电磁波的能力与电磁波的工作频率有关。频率越低，蒸发波导的高度必须越大才能实现有效陷获。蒸发波导最小陷获的截止频率（CoF）可以表示为

$$\text{CoF} = 3.6 \times 10^{11} \times d^{-3/2} \tag{2.5}$$

式中：d 为蒸发波导高度（m）。

对于大多数实际应用来说，电磁波能被蒸发波导陷获的频率下限为3GHz，受影响最大的频率在18GHz附近。虽然更高的频率也会受到蒸发波导的影响，但由于衰减和粗糙表面的散射等其他传播机制的影响，蒸发波导的影响会受到一定的限制。

2.1.2　表面波导

根据大气波导陷获层和地球表面几何关系可以将表面波导分为无基础层表

面波导和含基础层表面波导。当陷获层底部为海洋表面时，为无基础层表面波导，蒸发波导类型就是此波导类型的一个特例；当陷获层的底部为正常大气层而大气波导底部仍为地球表面时，称为含基础层大气波导。

表面波导的形成通常与大气逆温现象相关，常常由于干暖气团从陆地流动到湿冷海洋上空时，近海面就会形成大气温度下冷上暖、湿度下湿上干的情况，大气逆温逆湿层就是此大气环境中产生的。这种逆温逆湿层使折射率出现较大负梯度从而陷获一定频率的电磁波。

另外，通过水分蒸发产生的湿度梯度也会增强陷获层的梯度，在这种大气条件下往往会形成无基础的表面波导，然而当从海岸地区扩展到海洋区域时，陷获层就会适当地升高，也就形成了含基础层表面波导。在高度300m以下大气区域范围内表面波导经常出现，根据气象观测数据统计，发现全球海域中出现的表面波导平均高度为85m左右。

蒸发波导修正折射率预测模型与其他类型大气波导（表面波导、悬空波导及混合波导等）模型不同，从波导模型剖面图可以直观地发现，蒸发波导预测模型剖面是关于对数的曲线，而其他类型波导剖面是折线。从本质上说，只有蒸发波导模型剖面是由理论公式推导得到的，其他类型波导模型属于经验模型，是学者通过不断地实验、观测及分析数据得出的模型。

无基础层的表面波导剖面如图2-5所示，用经验公式可以表示为

$$M(z)=M_0+\begin{cases} k\cdot z & 0\leqslant z\leqslant z_{\text{thick}} \\ k\cdot z+0.118z & z\geqslant z_{\text{thick}} \end{cases} \tag{2.6}$$

式中：M_0 为地面上的修正折射率；z_{thick} 为无基础层表面波导陷获层高度；k 为陷获层斜率。

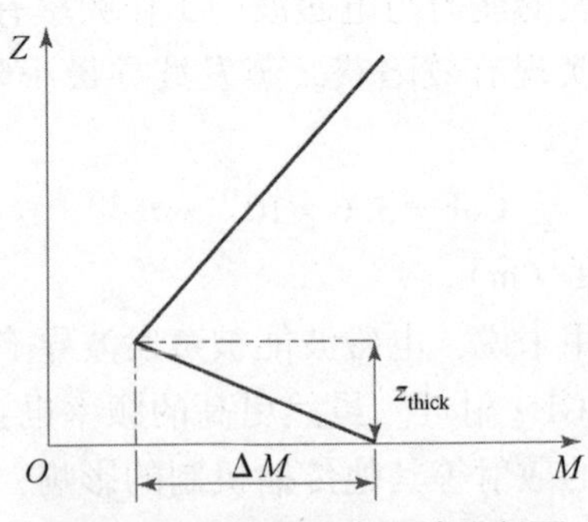

图2-5　无基础层表面波导剖面

含基础层的表面波导的修正折射率剖面为四参数三折线模型，剖面如图2-6所示：

$$M(z)=M_0+\begin{cases}k_1z & 0\leqslant z\leqslant z_1\\ k_1z_1+k_2(z-z_1) & z_1<z\leqslant z_1+z_2\\ k_1z_1+k_2z_2+0.118(z-z_1-z_2) & z>z_1+z_2\end{cases} \tag{2.7}$$

式中：z_1 和 z_2 分别为波导基础层高度和波导陷获层厚度；k_1 和 k_2 分别为波导基础层斜率和陷获层斜率。当 $z_1=0$ 时，此表达式就简化为无基础层表面波导剖面表达式。

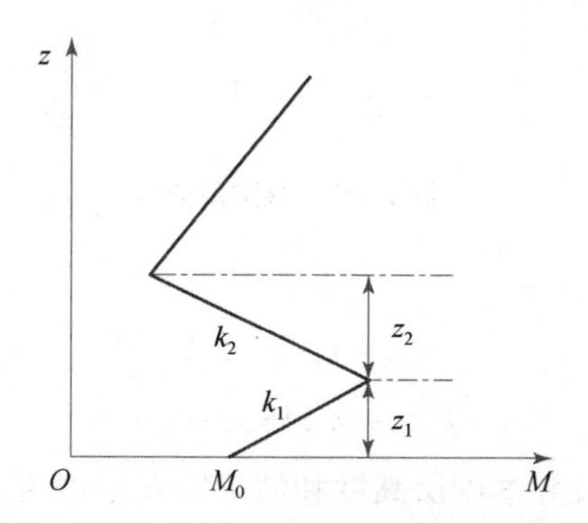

图 2-6　含基础层的表面波导剖面

与蒸发波导不同，表面波导对电磁波的工作频率不是特别敏感。在频率大约为 100MHz 时，仍然可以增加电磁波的传播距离。由于表面波导可以在海洋上空延伸至数百千米，而波导厚度可以达到几百米，所以大部分超长距离传播是由表面波导引起的。三折线表面波导的截止频率可表示为

$$\begin{cases}\mathrm{CoF}=265c/H\sqrt{\Delta M}\\ H=z_{\mathrm{thick}}(1-c_2/c_1)\end{cases} \tag{2.8}$$

式中：c_2 为波导陷获层斜率，$c_2=-\Delta M/z_{\mathrm{thick}}$。

标准表面波导的截止频率可表示为

$$\mathrm{CoF}=398c/z_{\mathrm{thick}}\sqrt{\Delta M} \tag{2.9}$$

2.1.3　悬空波导

悬空波导与表面波导的发生气象条件相似，它们之间往往会随着气象的变换而相互转化。

悬空波导与表面波导的区别在于：在一定气象条件下，表面波导的陷获层继续升高会由表面波导过渡为悬空波导。同理，悬空波导也可以在合适的气象条件下下沉转变为表面波导。悬空波导发生的高度从几百米到几千米，最高可达距海平面 3000m 左右。

悬空波导的修正折射率剖面为四参数三折线模型，剖面如图 2-7 所示。

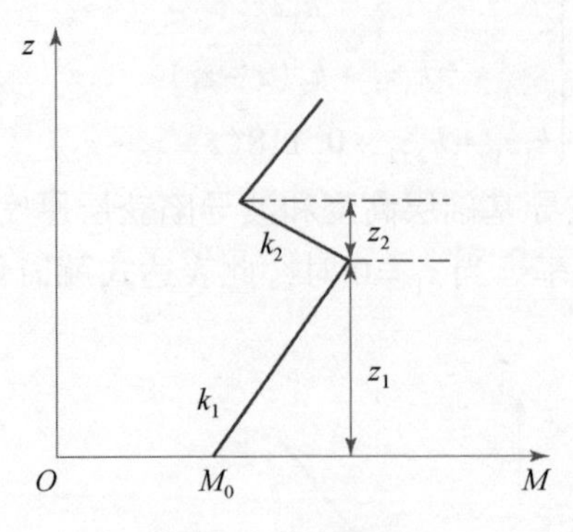

图 2-7　悬空波导

$$M(z)=M_0+\begin{cases} k_1 z & 0\leqslant z\leqslant z_1 \\ k_1 z_1+k_2(z-z_1) & z_1<z\leqslant z_1+z_2 \\ k_1 z_1+k_2 z_2+0.118(z-z_1-z_2) & z>z_1+z_2 \end{cases} \tag{2.10}$$

式中：z_1 和 z_2 分别为波导基础层高度和波导陷获层厚度；k_1 和 k_2 分别为波导基础层斜率和陷获层斜率。

与表面波导相比，悬空波导对电磁波的频率也不是很敏感，能够对高于100MHz 频率的电磁波传播产生影响，其截止频率表达式同式（2.10）。

2.2　对流层大气波导传播条件

对流层大气波导传播的条件需要满足以下必要条件：存在大气逆温层和湿度锐减层两个气象条件，电磁波的发射仰角不能大于陷获角。

陷获角是电磁波能被大气波导刚好捕获时形成的最大仰角。它可以通过下式计算：

$$\lambda_{\mathrm{H}}=0.25n_{\mathrm{T}}\sqrt{2(\Delta N/n_{\mathrm{T}}d)\times10^{-6}-d/(r_{\mathrm{e}}+h_{\mathrm{T}})} \tag{2.11}$$

当电磁波刚好可以被大气波导捕获时，电磁波波长称为截止波长；当电波频率小于对应的截止频率时，就无法被大气波导捕获。截止波长可以表示为

$$\lambda_{\mathrm{H}}=0.25n_{\mathrm{T}}\sqrt{\Delta N/n_{\mathrm{T}}d-10^{6}/(r_{\mathrm{e}}+h_{\mathrm{T}})}\,d^{1.5} \tag{2.12}$$

$$\lambda_{\mathrm{H}}=0.75n_{\mathrm{T}}\sqrt{\Delta N/n_{\mathrm{T}}d-10^{6}/(r_{\mathrm{e}}+h_{\mathrm{T}})}\,d^{1.5} \tag{2.13}$$

式中：n_{T}、r_{e} 和 h_{T} 分别为天线所在位置的折射率、地球半径和天线高度；d 为波导层厚度；ΔN 为波导层的折射率指数变化量。

2.3　对流层大气波导预测模型

蒸发波导的形成机制与海洋边界层特性息息相关，现有的蒸发波导预测模型都是基于莫宁相似性理论研究发展出来的。当已知蒸发波导预测模型时，可以通过测量一定高度上的平均空气温度、湿度、大气压力、风速和海表面温度方便地预测出蒸发波导高度。现有的蒸发波导预测模型有 MGB 模型、BYC 模型、NPS 模型等。

2.3.1　MGB 模型

MGB 模型是 Musson – Gennon、Gauthier 和 Bruth 三位学者在 1992 年基于 Monin – Obukhov 相似理论建立的蒸发波导预测模型。该模型利用了海面上空一定高度处的温度、大气压力、湿度、风速风向等环境参数数据计算得到的蒸发波导高度数据[8]。

根据水汽压与相对湿度之间的关系和位温与热力学温度之间的关系，大气折射率的微分形式可以表示为

$$\frac{\partial N}{\partial z}=A+B\frac{\partial \theta}{\partial z}+C\frac{\partial q}{\partial z} \tag{2.14}$$

式中：系数 A、B 和 C 忽略近海面参量的梯度变化，用近海面层测试高度处的大气参数测量值求得。$\partial\theta/\partial z$ 和 $\partial q/\partial z$ 分别可以表示为

$$\frac{\partial \theta}{\partial z}=\theta_{*}\varphi_{h}/\kappa(z+z_{0t}) \tag{2.15}$$

$$\frac{\partial q}{\partial z}=q_{*}\varphi_{q}/\kappa(z+z_{0t}) \tag{2.16}$$

式中：θ_{*} 和 q_{*} 分别为位温和湿度的特征参数；κ 为卡门常数；z_{0t} 为温湿度粗糙度高度；φ_{h} 和 φ_{q} 分别为位温和湿度的普适函数。

大气波导高度可以表示为 $h_{c}=z+z_{0t}$，临界折射率梯度为 $\partial N/\partial z=-0.157$，则蒸发波导高度可以表示为

$$z_{\text{EDH}}=(B\theta_{*}+Cq_{*})/[\kappa(-0.157-A)]\times\varphi_{h}(h_{c}/L) \tag{2.17}$$

2.3.2　BYC 模型

Babin、Young 和 Carton 在研究蒸发波导模型过程中，发现 PJ 模型和 MGB 模型都存在一定的假设。如 PJ 模型的位折射率在稳定条件下不能看成相似变量，海面粗糙度为常数也不符合实际情况，二者都没有考虑低风速时相似理论

的扩展等。

1996 年，Babin 等提出了一种蒸发波导预测模型，同样该模型使用 6m 或者近海面一定高度处的大气环境参数数据为输入变量，就可得到蒸发波导高度，但是相比 PJ 模型，该模型增加了气压参量[12]。

在 BYC 模型中，$\partial\theta/\partial z$ 和 $\partial q/\partial z$ 分别表示为

$$\frac{\partial\theta}{\partial z}=\theta_*\varphi_h/\kappa z \tag{2.18}$$

$$\frac{\partial q}{\partial z}=q_*\varphi_q/\kappa z \tag{2.19}$$

式中：θ_* 和 q_* 分别为位温和湿度的特征参数；κ 为卡门常数；φ_h 和 φ_q 分别为位温和湿度的普适函数。

当折射率梯度满足 $\partial N/\partial z=-0.157$ 时，可以确定蒸发波导高度。将上述两式代入式（2.13）中，在稳定或者中性大气条件下的蒸发波导高度为

$$z_{\mathrm{EDH}}=-(B\theta_*+Cq_*)/[\kappa(A+0.157)+5(B\theta_*+Cq_*)/L] \tag{2.20}$$

在不稳定大气条件下的蒸发波导高度为

$$z_{\mathrm{EDH}}=-(B\theta_*+Cq_*)\varphi_h/\kappa(A+0.157) \tag{2.21}$$

式中：A、B、C 为由大气参数计算出来的系数；L 为 Monin – Obukhov 长度；κ 为卡门常数。

2.3.3 NPS 模型

NPS 模型是对海上蒸发波导折射率剖面的建模，由美国海军研究生院于 2000 年发布，它主要基于 Monin – Obukhov 相似理论和 Liu – Katsaros – Businger 理论，通过计算气温、湿度、气压的剖面，利用大气修正折射率剖面公式实现蒸发波导折射率剖面的计算，并最终确定蒸发波导高度。温度和比湿随高度 z 变化的剖面 $T(z)$ 和 $q(z)$ 可以表示为

$$T(z)=T_0+\frac{\theta_*}{\kappa}[\ln(z/z_{0t})-\Psi_h(z/L)]-\Gamma_d z \tag{2.22}$$

$$q(z)=q_0+q_*/\kappa[\ln(z/z_{0t})-\Psi_h(z/L)] \tag{2.23}$$

式中：T_0 和 q_0 分别为海表面的温度与比湿；q_* 与 θ_* 分别为比湿与位温的特征尺度；κ 为卡门常数；z_{0t} 为温度粗糙度高度；Ψ_h 为温度普适函数；L 为 Obukhov 长度；Γ_d 为干绝温度递减率，其大小为 0.00976K/m。普适函数 Ψ_h 在稳定的条件下可表示为

$$\Psi_h=-\frac{5\sqrt{5}}{4}\ln(1+3x+x^2)\times\ln[(2x+3\sqrt{5})/(2x+5.24)]+1.93] \tag{2.24}$$

水汽压剖面可通过理想气体方程计算：

$$p(z)=p(z_0)\exp[g(z_0-z)/RT_v] \tag{2.25}$$

式中：$p(z_0)$为海表的气压；R 为干空气气体常数；T_v 为 z 和 z_0 的虚温平均值；g 为重力加速度。水汽压的剖面 $e(z)$可表示为

$$e(z)=q(z)p(z)/[\varepsilon+(1-\varepsilon)q(z)] \tag{2.26}$$

式中：ε 为常数 0.622。

2.4　抛物方程模型

为了将雷达海杂波应用于大气波导反演，需要分析海上大气环境对雷达回波信号传播的影响。无论是对流层散射还是水汽凝结体引起的散射，或者电离层、流星痕迹和闪电等更为罕见的效应造成的散射，都不太可能会影响海上雷达回波信号的传播。此外，大气衰减的影响也可以忽略。虽然衍射在一定程度上可以扩大雷达回波信号的传输距离，但对流层波导对雷达回波性能的影响更大。因此，需要重点研究大气波导条件下雷达回波信号的传播特性。

抛物方程方法可以准确地预测复杂环境中电磁波的传播特性，并且常用于电磁波传播问题的研究。对于分析雷达海杂波信号的传播来说，抛物方程方法可能是最合适的。抛物方程方法在所有传播距离上（视距以内、视距附近和超视距）都是有效且高效的，可以用来确定所有感兴趣区域中的电磁波场强。

精确求解麦克斯韦方程是确定雷达和无线电波传播的理想方法，然而，由于计算的复杂性和精确输入数据的大小限制，完全求解麦克斯韦方程是棘手的。因此，对麦克斯韦方程作了一个简化，即亥姆霍兹波动方程，对传播问题作了以下假设：地球近似为平面，传播在一个圆锥中进行，其顶点位于信号的原点，且围绕一个首选方向，即旁轴方向。在此基础上，给出了局地直角坐标系中的亥姆霍兹波动方程：

$$\frac{\partial^2\phi(x,z)}{\partial x^2}+\frac{\partial^2\phi(x,z)}{\partial z^2}+k^2n^2\phi(x,z)=0 \tag{2.27}$$

式中：x 为旁轴方向（距离）；z 为高度；$\phi(x,z)$为水平极化或者垂直极化条件下的标量电场或者标量磁场；k 为自由空间波数，$k=2\pi/\lambda$；n 为大气折射指数。

为了得到抛物方程，引入了一个与旁轴方向 x 相关的波函数 $u(x,z)$，即

$$u(x,z)=\phi(x,z)/\mathrm{e}^{ikx} \tag{2.28}$$

这个波函数在电磁波传播距离上缓慢变化，这使它具有数值上的便利性。

将 $u(x,z)$ 代入亥姆霍兹波动方程，可得

$$\frac{\partial^2 u}{\partial x^2}+\frac{\partial^2 u}{\partial z^2}+2ik\frac{\partial u}{\partial x}+k^2(n^2-1)u=0 \tag{2.29}$$

式（2.29）可以分解成

$$\left[\frac{\partial}{\partial x}+ik(1+Q)\right]\left[\frac{\partial}{\partial x}+ik(1-Q)\right]u=0 \tag{2.30}$$

式中：Q 为微分算子，可表示为

$$Q=\sqrt{1+Z}$$

其中：

$$Z=\frac{1}{k^2}\frac{\partial^2}{\partial z^2}+(n^2-1) \tag{2.31}$$

基于式（2.31），$u(x,z)$ 有两个线性无关的解，且满足伪微分方程：

$$\frac{\partial u}{\partial x}=-ik(1+Q)u \tag{2.32}$$

$$\frac{\partial u}{\partial x}=-ik(1-Q)u \tag{2.33}$$

它们分别对应于沿旁轴方向的后向传播波和前向传播波。这些伪微分方程在距离上是一阶的，它们合起来就是后向抛物方程和前向抛物方程。

在实际应用中，经常忽略后向传播波，而与之相对应的后向抛物方程，即式（2.31）也被忽略掉。剩下的前向传播波可以通过对式（2.33）进行精确求解得到，即

$$u(x+\Delta x,z)=e^{ik\Delta x(-1+Q)}u(x,z) \tag{2.34}$$

式中：Δx 为距离步长。

对微分算子 Q 进行一阶泰勒展开近似，即 $\sqrt{1+Z}\approx 1+Z/2$，并忽略向后传播的电磁波，由此产生的标准抛物方程为

$$\frac{\partial u(x,z)}{\partial x}=\frac{ik}{2}\left[\frac{1}{k^2}\frac{\partial^2}{\partial z^2}+(n^2-1)\right]u(x,z) \tag{2.35}$$

需要注意的是，最初的 $u(x,z)$ 被定义为沿接近旁轴方向角度传播的电磁波函数，这仍然是求解 $u(x,z)$ 的有效方案。为了保证解的准确性，传播角度通常小于15°。因此，标准抛物方程通常称为窄角抛物方程。也可以通过对微分算子 Q 做更准确的近似，产生宽角抛物方程，而宽角抛物方程通常用于高海拔雷达或在高坡度不规则地形上的传播建模。对于大气波导传播来说，传播角度通常小于1°，所以本书只考虑窄角抛物方程。

求解抛物方程的数值方法主要可以分成三大类：有限差分法、有限元法和

分布傅里叶变换法。虽然每种方法都有其优点和缺点，且求解方法的选择取决于具体的问题，但分布傅里叶变换法已成为求解远距离对流层电磁波传播问题的首选方法，这是因为分布傅里叶变换法已被证明是向更远距离求解场强的最稳定和最有效的方法。因此，本书采用分布傅里叶变换法进行抛物方程的求解。

分布傅里叶变换法从一个参考距离开始，通过增加距离进行迭代求解。标准抛物方程的分布傅里叶解可表示为

$$u(x+\Delta x,z)=\exp(\mathrm{i}k(n^2-1)\Delta x/2)\xi^{-1}\left(\exp\left(-\mathrm{i}p^2\frac{\Delta x}{2k}\right)\xi(u(x,z))\right) \tag{2.36}$$

式中：p 为波数谱变量，$p=k\sin\theta$；θ 为传播角度；ξ 和 ξ^{-1} 分别为傅里叶变换和逆傅里叶变换：

$$\begin{cases} U(x,p)=\xi\{u(x,z)\}=\int_{-\infty}^{+\infty}u(x,z)\mathrm{e}^{-\mathrm{i}pz}\mathrm{d}z \\ u(x,z)=\xi-1\{U(x,p)\}=\dfrac{1}{2\pi}\int_{-\infty}^{+\infty}U(x,p)\mathrm{e}^{\mathrm{i}pz}\mathrm{d}p \end{cases} \tag{2.37}$$

2.4.1　抛物方程的初始场与边界条件

分布傅里叶变换法是通过步进求解电磁场分布的，所以初始场的确定非常重要，这是因为初始场将是整个求解过程的基础。因此，当利用抛物方程方法进行数值计算时需要知道天线初始场分布。根据镜像理论，天线初始场可表示为

$$U(0,p)=\mathrm{Norm}[f(p)\mathrm{e}^{-\mathrm{i}ph_0}+|R|f(-p)\mathrm{e}^{\mathrm{i}ph_0}] \tag{2.38}$$

式中：Norm 为归一化因子；h_0 为天线高度；R 为海面反射系数；$f(p)$ 为天线方向图因子。

对式（2.38）进行傅里叶逆变换，可得天线初始场 $u(0,z)$：

$$u(0,z)=\mathrm{Norm}[A(z-h_0)+|R|A^*(z+h_0)] \tag{2.39}$$

式中：$A(z)$ 为天线口径场，可对天线方向图因子 $f(p)$ 进行傅里叶逆变换得到，即

$$A(z)=\frac{1}{2\pi}\int_{-\infty}^{+\infty}f(p)\mathrm{e}^{\mathrm{i}pz}\mathrm{d}p \tag{2.40}$$

对于全向天线来说，方向图因子 $f(p)$ 可表示为

$$f(p)=1 \tag{2.41}$$

此外，抛物方程在进行求解时需要满足一定的边界条件。在实际应用中，通常将海平面边界看出阻抗边界，因此需要满足 Leontovich（列昂托维奇）边界条件，即

$$\frac{\partial u(x,z)}{\partial z}+\delta u(x,z)=0(z=0) \tag{2.42}$$

式中：δ 表示阻抗系数，可表示为

$$\delta=\mathrm{i}k\sin\theta\left(\frac{1-R}{1+R}\right) \tag{2.43}$$

式中：θ 为电磁波掠射角。

对于粗糙海面传播来说，必须对光滑海面情况下的反射系数进行修正。根据 Kirchhoff（基尔霍夫）近似法，可得平均镜反射场 ϕ_e 为

$$\phi_e=\phi_0\int_{-\infty}^{+\infty}\exp(2\mathrm{i}k\xi\sin\theta)P(\xi)\,\mathrm{d}\xi \tag{2.44}$$

式中：ϕ_0 为光滑海表面的镜反射场；$P(\xi)$ 为海浪高度 ξ 的概率密度函数。

因此，粗糙海表面的有效反射系数可表示为

$$R_e=\rho R \tag{2.45}$$

式中：ρ 为粗糙度衰减因子，对比式（2.45）可得

$$\rho=\int_{-\infty}^{+\infty}\exp(2\mathrm{i}k\xi\sin\theta)P(\xi)\,\mathrm{d}\xi \tag{2.46}$$

可以看出，粗糙度衰减因子 ρ 主要取决于 $P(\xi)$。

目前最常用的近似模型是 Miller - Brown 模型。它不但可以快速计算粗糙海表面条件下的有效反射系数，而且计算精度高。因此，采用 Miller - Brown 模型计算粗糙度衰减因子 ρ。海浪高度 ξ 的概率密度函数 $P(\xi)$ 可表示为

$$P(\xi)=\frac{1}{\pi^{3/2}h}\exp(-\xi^2/8h^2)K_0(\xi^2/8h^2) \tag{2.47}$$

式中：K_0 为第二类零阶修正 Bessel 函数；h 为海面均方根高度，$h=0.0051\omega^2$；ξ 为风速。

将式（2.47）代入式（2.48），可得粗糙度衰减因子为

$$\begin{aligned}\rho&=\exp(-\gamma^2/2)I_0(\gamma^2/2)P(\xi)\\&=1/(\pi)^{3/2}h)\exp(-\xi^2/8h^2)K_0(\xi^2/8h^2)\end{aligned} \tag{2.48}$$

式中：I_0 为第一类零阶修正 Bessel 函数；γ 为 Rayleigh 粗糙度参数，$\gamma=2kh\sin\theta$。

因此，Miller - Brown 模型的粗糙海面有效反射系数可表示为

$$R_e=\exp(-\gamma^2/2)I_0(\gamma^2/2)R \tag{2.49}$$

2.4.2 传播损耗计算过程

由于雷达信号的回波是一种单向通信系统，不涉及对目标信号的反射，根据电波传播理论，在距离 R 处天线接收到的单程信号功率 P_r 可表示为

$$P_r=(P_tG_t/4\pi R^2)(\lambda^2G_r/4\pi)F^2 \tag{2.50}$$

式中：P_t 为发射功率；G_t 为发射天线增益；G_r 为接收天线增益；λ 为波长；F 为传播因子，可表示为

$$F = |E|/|E_0| = \sqrt{x}|u(x,z)| \tag{2.51}$$

式中：E 为实际空间中任意点处的场强；E_0 为自由空间中距离相同处的场强；$u(x,z)$ 可由抛物方程求解得到。

传播损耗 PL 可表示为

$$\mathrm{PL} = (4\pi R/\lambda)^2/F^2 \tag{2.52}$$

将传播损耗以 dB 进行表示，可得

$$PL_{\mathrm{dB}} = 20\lg(4\pi R/\lambda) - 20\lg F \tag{2.53}$$

2.4.3 雷达海杂波回波信号的大气波导传播分析

1. 蒸发波导传播

海面上空出现蒸发波导的概率较高，对岸基和船载雷达系统的吸能具有重要的影响。如图 2-8 所示，给出了雷达工作频率为 1000MHz，发射天线高度为 6m，水平极化方式，天线仰角为 0°时，标准大气条件下随着传播距离的增加，传播损耗发生变化。通过图中可以看出，标准大气条件下随着传播距离的增加，雷达回波信号的传播损耗迅速增大，不满足陷获条件，无法进行超视距传播。

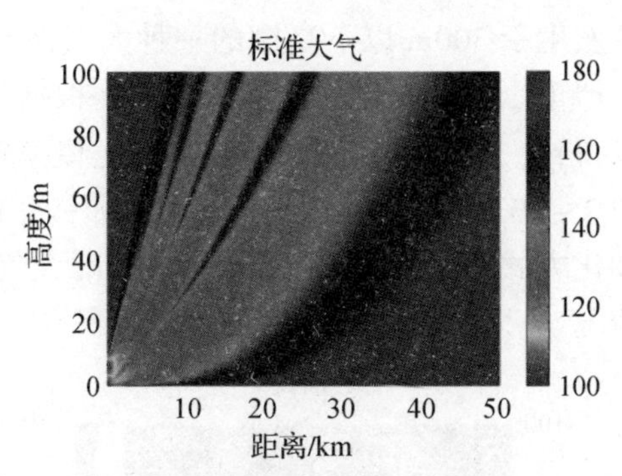

图 2-8　悬空波导（见彩图）

为了研究雷达回波信号在不同蒸发波导高度情况下的传播特性，图 2-9 给出了蒸发波导高度分别为 5m、15m、25m 和 35m 时，雷达回波信号的传播损耗分布。通过对比图 2-8 和图 2-9 可以看出，在蒸发波导环境下雷达的传播损耗分布与标准大气相比，变化较明显，说明在蒸发波导环境下雷达信号陷获在波导层内，以及蒸发波导能够使雷达回波信号陷获在波导层内，实现超视距传播。

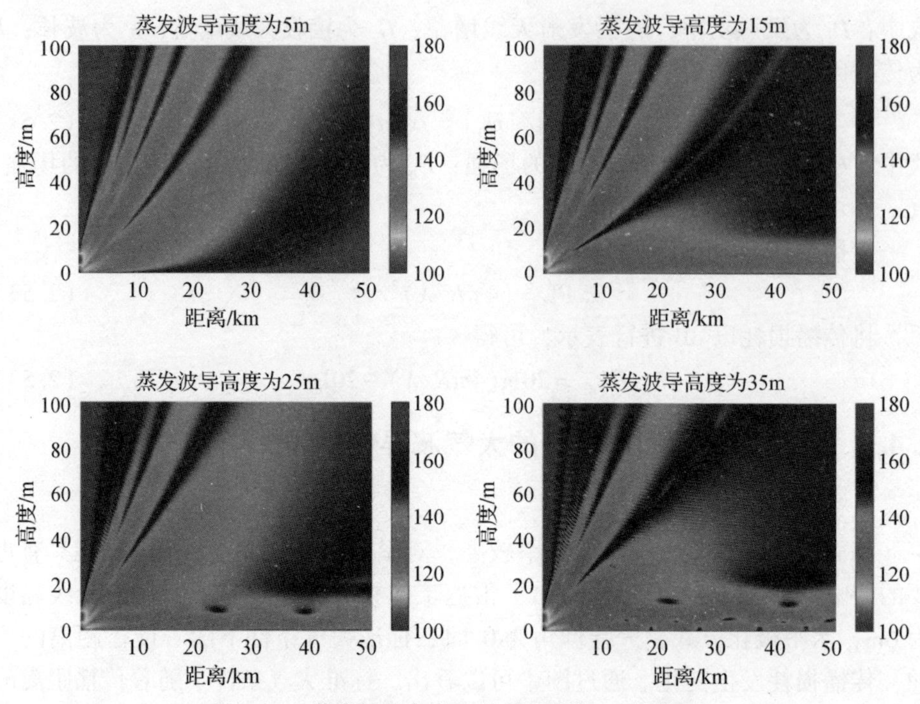

图 2－9　蒸发波导条件下的传播损耗（见彩图）

2. 表面波导传播

表面波导是通常发生于300m以下高度的一种大气波导，其陷获电磁波的能力强于蒸发波导，严重影响高频雷达信号的通信。根据我国沿海观测站及部分海上探空数据可以得到，我国海域表面波导的发生概率较大，且春夏交替时间更容易发生。如图2－10所示，给出了雷达工作频率为1000MHz，发射天线高度为20m，垂直极化方式，天线仰角为0°时，标准大气条件下雷达回波信号的传播损耗分布情况。

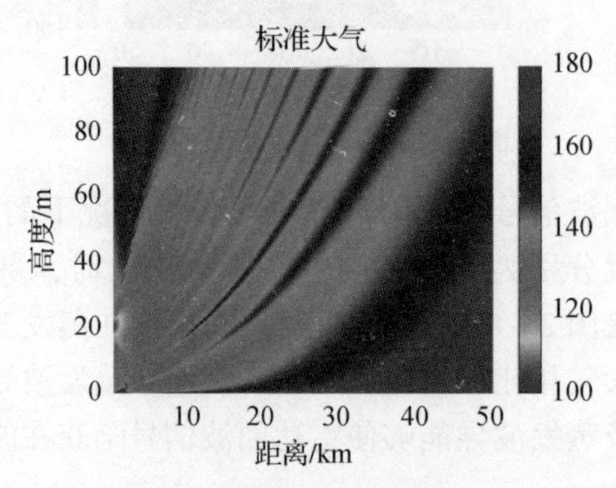

图 2－10　蒸发波导条件下的传播损耗（见彩图）

图 2－11（a）所示为波导底层斜率为 0.118、波导基底高度为 0m、陷获层厚度为 120m、波导强度为 40M 时的标准表面波导条件下雷达回波信号的传播损耗分布。对比图 2－9 及图 2－10（a）可以看出，标准表面波导环境中信号的传播损耗大大减小，能够进行超视距传播。图 2－11（b）所示为波导底层斜率为 0.118、波导基底高度为 20m、陷获层厚度为 120m、波导强度为 40M 时的标准表面波导条件下雷达回波信号的传播损耗分布。对比图 2－9 可以看出，有基础层的表面波导环境下雷达回波信号的传播损耗与标准大气条件下的传播损耗大不相同。

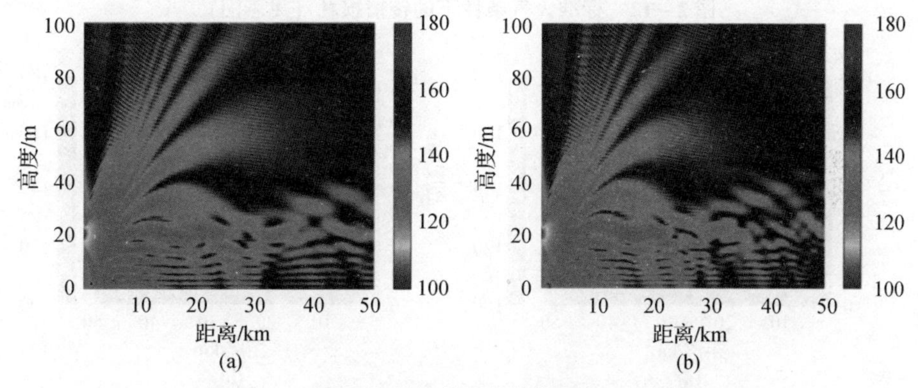

图 2－11　表面波导条件下的传播损耗（见彩图）

（a）无基础层表面波导传播损耗；（b）有基础层表面波导传播损耗。

通过以上分析，表面波导对雷达信号的传播有很大的影响，能够使用雷达海杂波回波信号进行超视距传播。根据雷达回波信号在标准大气和表面波导条件下传播特性的差异，可以使用雷达回波信号反演监测表面波导。

3. 悬空波导传播

悬空波导可以对低至 100MHz 频率的电磁波传播产生影响，理论上也会影响雷达的回波信号。如图 2－12 所示，给出了雷达工作频率为 1000MHz，发射天线高度为 40m，垂直极化方式，天线仰角为 0°时，标准大气条件下雷达回波信号传播损耗分布情况。图 2－12（a）所示为波导底层斜率为 0.1、波导基底高度为 200m、陷获层厚度为 100m、波导强度为 20M 时的悬空波导条件下雷达回波信号的传播损耗分布。对比图 2－12 及图 2－13（a）可以看出，标准表面波导环境中信号的传播损耗减小，能够进行超视距传播。图 2－13（b）所示为波导底层斜率为 0.118、波导基底高度为 2500m、陷获层厚度为 60m、波导强度为 20M 时的标准表面波导条件下雷达回波信号的传播损耗分布。对比图 2－12 可以看出，悬空波导环境下雷达回波信号的传播损耗与标准大气条件下的传播损耗区别不大。

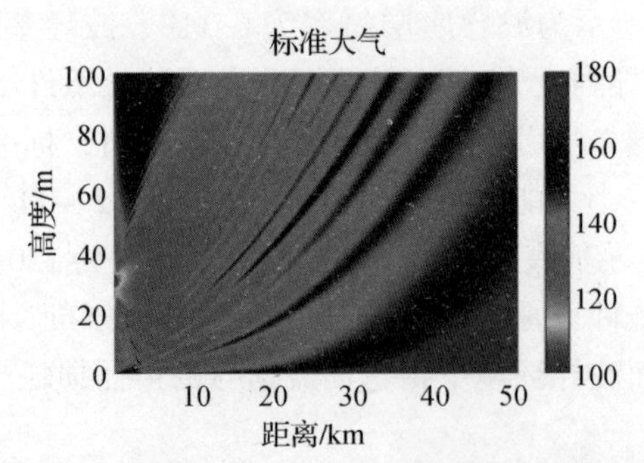

图 2-12 标准大气条件下的传播损耗（见彩图）

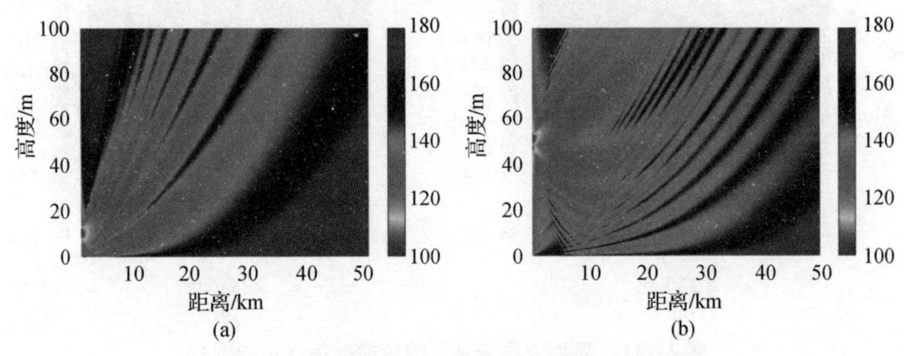

图 2-13 表面波导条件下的传播损耗（见彩图）

（a）低空悬空波导传播损耗；（b）高空悬空波导 2 传播损耗。

通过以上分析，具有较低高度的悬空波导对雷达回波信号传播特性的影响不可忽略。然而，对于高度较高的悬空波导来说，其不会对海上雷达回波信号的传播产生影响，因此本书主要分析蒸发波导及表面波导的监测和反演。

2.5 本章小结

本章从大气波导传播的物理过程分别展开介绍。首先介绍了大气波导形成的原理，包含大气波导基本概念、大气波导分类及形成机制，给出了利用 MGB、BYC、NPS 模型实现海上蒸发波导预测的方法。由于大气对电磁波传播特性的影响，主要表现为折射率在空间上的不均匀造成的电磁波折射，从而改变其在空间中的能量分布。对于大气环境中电磁波的求解，可利用电磁场数值计算方法实现，其中抛物方程可实现大区域空间范围内电磁场的计算。本章介绍了抛物方程的基础模型 2D 抛物方程模型，并且对于抛物方程中的初始场和边界条件的设定进行详细描述。最后通过仿真分析蒸发波导、表面波导、悬空波导对雷达回波信号的传播影响，为利用雷达回波信号反演监测大气波导提供重要的理论依据。

参考文献

[1]康士峰,张玉生. 对流层大气波导[M]. 北京:科学出版社,2014.

[2]PAULUS R A. Practical application of an evaporation duct model[J]. Radio science,1985,20(4):887 – 896.

[3]MUSSON – GENON L, GAUTHIER S, BRUTH E. A simple method to determine evaporation duct height in the sea surface boundary layer[J]. Radio Science,1992,27(5):635 – 644.

[4]BABIN S M. A new model of the oceanic evaporation duct and its comparison with current models[D]. College Park: University of Maryland, College Park,1996.

[5]DOCKERY G D. Modeling electromagnetic wave propagation in the troposphere using the parabolic equation [J]. IEEE Transactions on Antennas and Propagation,1988,36(10):1464 – 1470.

[6]BARRIOS A E. A terrain parabolic equation model for propagation in the troposphere[J]. IEEE Transactions on Antennas and Propagation,1994,42(1):90 – 98.

[7]TETI J G. Parabolic equation methods for electromagnetic wave propagation [Book Review][J]. IEEE Antennas and Propagation Magazine,2001,43(3):96 – 97.

[8]胡绘斌. 预测复杂环境下电波传播特性的算法研究[D]. 长沙:国防科学技术大学,2007.

[9]GUO X, WU J, ZHANG J, et al. Deep learning for solving inversion problem of atmospheric refractivity estimation[J]. Sustainable Cities and Society,2018,43:524 – 531.

[10]GERSTOFT P, HODGKISS W S, ROGERS L T, et al. Probability distribution of low – altitude propagation loss from radar sea clutter data[J]. Radio Science,2004,39(6):1 – 9.

[11]YARDIM C, GERSTOFT P, HODGKISS W S. Estimation of radio refractivity from radar clutter using Bayesian Monte Carlo analysis[J]. IEEE Transactions on Antennas and Propagation,2006,54(4):1318 – 1327.

[12]BABIN S M, YOUNG G S, CARTON J A. A new model of the oceanic evaporation duct[J]. Journal of Applied Meteorology and Climatology,1997,36(3):193 – 204.

第3章　基于深度学习的对流层波导环境驱动传播损耗预测

3.1　引言

超视距数字通信是微波通信领域的一项技术创新，它利用海上蒸发波导的环境特性，突破了传统微波通信的理念[1]。在适当的频率和入射角下，大气波导将捕获大部分微波能量，使通信系统产生超视距传播，传播距离可达视距的两倍甚至数百公里，高速数据传输速度可达每秒几百兆[2]。大气波导是海洋大气环境与电磁波超视距传播的天然载体。如图3－1所示，根据2013年

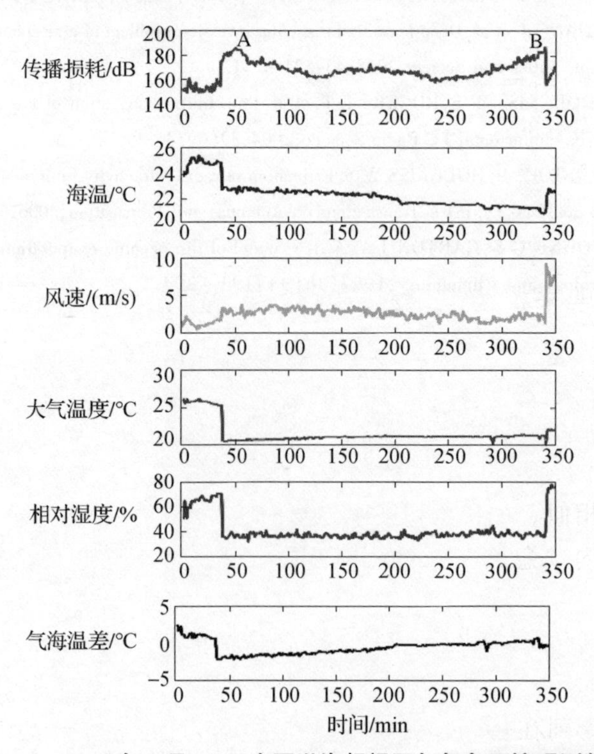

图3－1　2013年9月14日中国渤海超视距与气象环境观测数据

9月14日在中国渤海测量的超视距观测序列，在时间A和B两个节点处发生较大的波动，根据测量的海上环境发现引起其变化的主要因素是海表温度、风速、相对湿度、大气温度及气海温差的环境波动，直观了解复杂的海洋环境对电磁波超视距传播的影响及对无线电通信系统设计的意义，并有助于识别在复杂海上环境下进行超视距安全通信[3-4]。

集成第五代中尺度模式（MM5）和天气研究与预报模式（WRF）[5-6]，结合电磁传播的物理方程，即可实现超视距传播损耗预测。然而，受全球背景场数据的限制，目前大气波导环境的超视距预报的时间分辨率和空间分辨率只能达到1h和30km×30km[7]。此外，在中国沿海陆海交界处，由于湍流和复杂的海气传热过程，海洋环境在较短的时间和空间尺度上存在差异。这样的分辨率不能准确反映超视距传播损耗时间序列的准确变化。更值得关注的是，这些模式动力方程嵌入过程都是耗时的，预测的超视距传播损耗中的时延误差会由于频谱占用率的误解而限制频谱的重用，降低通信系统的性能[8]。

基于深度学习的技术已经引起了人们的广泛关注。由于能够更好地模拟传统方法无法实现的超视距传播损耗长序列预测，深度学习方法引起了相关科研人员的广泛关注。对于深度学习时间序列预测模型，GRU和LSTM深度学习模型被认为是获取短期时间序列预测的有效方法[9-10]。然而，预测未来数据至少要考虑过去几小时的超视距传播损耗，过量的超视距观测样本使GRU和LSTM固有的递归神经网络结构体系在训练过程中易出现梯度消失和爆炸，严重影响实际预测结果的有效性[11]。为了避免由长时间序列模型训练造成的梯度爆炸，提高预测模型的效率，取代传统的预测模型。本书采用了时间卷积网络（TCN）的变体TrellisNets来预测超视距传播损耗[12]，该网络采用并行框架来扩大模型的接受域，比递归循环网络更快地实现模型收敛。

然而，由于超视距传播损耗呈现不规则变化，即使收敛较好的Trellis-Nets网络也难以充分发挥其优点。如图3-2所示，从2013年9月16日和17日中国渤海的超视距传播损耗的观测序列来看，几分钟内的超视距传播损耗变化规律相似。相反，超视距传播损耗在相对较长的几十分钟到一个小时的时间间隔内“急剧”波动。因此，有必要考虑超视距传播损耗的时间特性[13]。

然而，没有准确的原始数据输入，任何精细的模型都无法发挥最大作用。由于气象梯度塔收集不同的环境参数，频谱仪固定的连续收集接收信号数据，这些数据都会受到在传输、转换、存储、实际环境及测量设备带来噪声影响[14-15]。为了实现对超视距传播损耗的有效预测，需要将大量伴随噪声的实

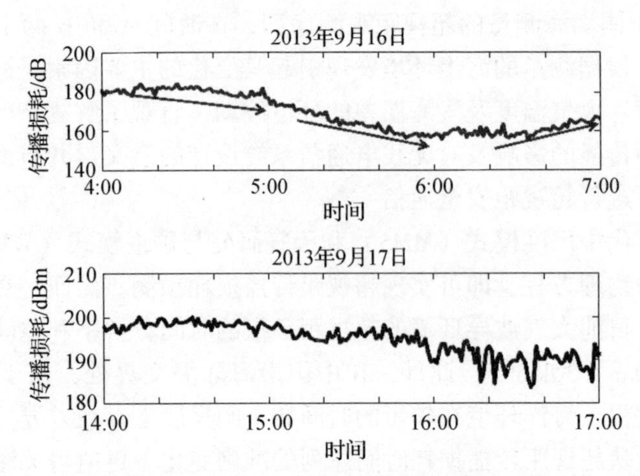

图 3-2　2013 年 9 月 16 日和 17 日超视距传播损耗随时间变化的特征曲线

际测量的环境数据和超视距接收信号进行去噪来替代直接将原始的时间序列数据提供给模型[16]。目前，对于测量的传播损耗数据主要还是由专家手工去噪，这需要大量的时间。基于上述问题，迫切需要一种有效的去噪方案。

深度学习技术可以为特征提取提供智能提取结果，并已应用于各个工业领域[17-18]。受到深度学习的启发，本书提出了用一维卷积自动编码器来提取特征。一维卷积自动编码器是一种无监督的特征提取器，它通过构造一维卷积网络和反向误差传播算法来过滤超视距时间序列的噪声[19]。

虽然精细的深度预测模型和正确的数据源输入可以有效地预测超视距传播损耗，但仍然缺乏对预测结果的解释性。具有可解释的深度学习预测可以显著提升超视距通信系统决策者的信心，促进其应用。即使深度学习预测模型能够成功地应用于不规则变化的超视距传播损耗预测，但对于没有深度学习背景知识的人来说，也很难理解哪些环境因素对当前超视距传播预测的影响最大。例如，在超视距传播损耗预测中，人们会关注哪些环境因素是影响预测的主要因素，因为MM5 和 WRF 的计算成本高，对于最关注的环境因素，花费高分辨率解决方案是至关重要的[20]。为了解决这个问题，本书在深度学习模型中嵌入了环境知识，使预测结果具有可解释性[21]。

综上所述，本章提出了一种新颖的环境知识驱动的超视距传播损耗预测和解释模型，将环境背景知识（海温、风速、相对湿度、大气温度、气海温差）数据纳入深度学习预测模型，以解决超视距传播损耗准确预测和环境解释问题。

具体来说，首先，为了解决长区间的超视距低精度预测的问题，本书提出了一种新颖的深度学习框架，利用 TrellisNets 基础模块预测超视距传播损耗的时间特征，并且这是第一个采用并扩展了 TrellisNets 网络进行时间预测任务的深度学习框架。其次，本书提出了一种新颖的深度学习框架，它并行长期和短期 TrellisNets 网络，以提高对时间序列不规则特征的超视距传播损耗模型的预测精度。再次，创新性地提出从一维卷积自编码器中提取数据特征，并利用一维卷积解码器重构数据，以过滤掉时间噪声数据。最后，将海面温度、风速、相对湿度、大气温度和气海温差的时间序列数据输入 SL - TrellisNet 模型，以阐明海洋环境参数对超视距传播损耗信号预测精度的影响。本书分别对 2013 年9月 14—17 日（5760min）、9 月 18—25 日（10080min）、10 月 7—9 日（4320min）在中国渤海的三个数据集进行了全面的试验。实验表明，所提出的模型比最先进的深度学习模型更精确。此外，基于不同的环境因素预测的结果，解决了预测结果中缺乏环境知识解释的问题。

3.2　中国渤海气象环境及微波超视距传播试验介绍

黄海和渤海位于东亚的中纬度。它主要经历夏季、冬季和季风。其盐度和海温度受黄河的影响。渤海环流包括高盐度的黄海暖洋流和低盐度的沿海洋流。黄海暖洋流的剩余通量通过渤海海峡流入渤海，并流入西海岸水域。它被分为两个分支：南部和北部。冬季循环较强，夏季较弱。这是估算大气波导现象热流的一个重要因素。随着气候变暖，渤海和黄海夏季季风胁迫强度明显减弱，导致渤海春季至夏季气温上升过程减弱。呈明显的线性低温趋势。近年来，在黄河河口年径流显著增加和渤海夏季降水年际变化的共同影响下，渤海夏季盐度模式从上升转变[22]。本实验在夏末和初秋进行。天气和气候变化较大，特别是在陆海交界处，空气中水平对流频繁发生，海面上容易形成逆温层。

超视距传播损耗及气象环境数据收集于中国电波传播研究所 2013 年 9 月 14 日到 10 月 9 日开展的超视距传播试验[1]。如图 3 - 3 和图 3 - 4 所示，超视距实验电路的接收机位于渤海觉华岛（N 40. 49°，E 120. 83°），发射机位于长兴岛（N 39. 64°，E 121. 44°）。发射机和接收机之间的总的距离为 107km。表 3 - 1 列出了传感器类型及安装高度。环境测量通过架设在渤海觉华岛东南端的 35m 气象梯度塔进行收集，基于 Vaisala 海洋观测系统 MAWS4420（Vaisala. 2010），在塔架上布置了多层气象传感器，用于同时测量大气温度、相对湿度、海表温度、压强、风速、风向，气象梯度塔的数据采样频率为 1min。

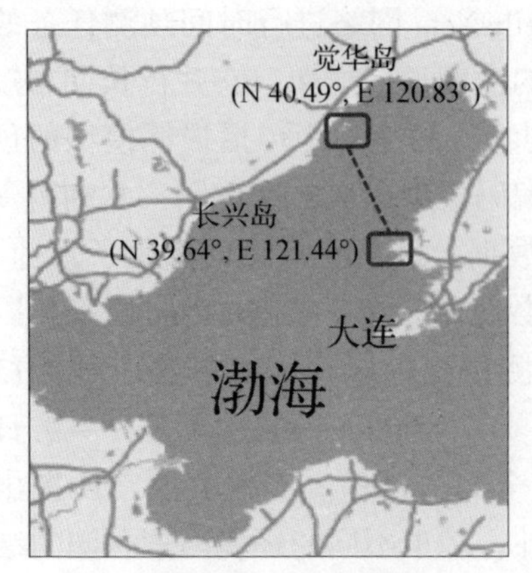

图 3－3　2013 年中国渤海超视距实验位置图

图 3－4　气象梯度塔及传感器安装位置

表 3－1　气象梯度塔传感器配置

参数	传感器类型	高度/m
大气温度/相对湿度	HMP155	6，10，15，20，27，34
风速/风向	WS4425	6，15，27
大气压强	PTB220	10
海表温度	SI－111	10

传播测量链路的发射机包含了一个标准的发射 5.8GHz 水平偏振连续波的信号源，输出功率为 10dBm。如图 3－4 所示，在平均海平面 12m 以上安装了一个直径为 0.9m 的抛物线天线。天线增益为 31.3dBi。用一根电缆来连接信号源和发射机天线。电缆损耗为 2dB。如图 3－5 所示，在接收端，使用 E4440 频谱分析仪（安捷伦公司）作为接收端。用两根电缆连接接收天线、一个增益为 27dB 的低噪声放大器和频谱分析仪。这两根电缆损失 6dB。接收机天线和发射机天线均为抛物型天线，增益为 31.3dBi。一台笔记本电脑连接到频谱分析仪来进行监测，并以 1Hz 的采样率记录接收到的信号功率。接收天线于 2013 年 9 月 14—17 日（3500min）安装在海面 2m 以上，然后在 2013 年 9 月 18—25 日移动到 6m（10080min）。频谱分析仪在 9 月 25 日出现了故障，在 10 月 7—9 日（4320min），使用另一台同型号的频谱仪作为接收机开展试验，并且把天线安装在岸边平均海拔 25m 的高度处。对于该试验链路，测量的路径的超视距传播损耗可以表示为

$$L_b = P_t - L_t + G_t + G_r + G_{LNA} - L_r - P_r \tag{3.1}$$

式中：L_b 为路径损耗；P_t 和 P_r 分别为发射机和接收机的功率；G_t 和 G_r 分别是发射机和接收机的天线增益；G_{LNA} 为低噪声放大器增益；L_t 和 L_r 分别为发射端和接收端电缆损耗。代入相关参数即可得出超视距传播损耗。

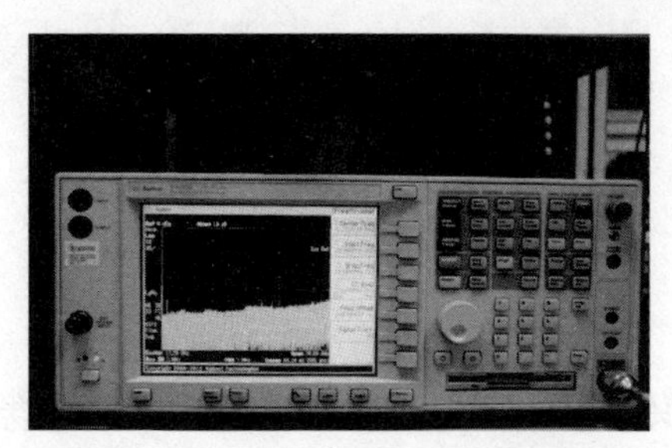

图 3－5　E4440 频谱分析仪接收器

3.3　一维卷积自动编码器网络实现数据去噪

根据上述超视距传播气象及传播试验，超视距传播损耗及气象环境中存在大量的时间噪声，为了实现对超视距传播损耗的有效预测，需要将大量的伴随噪声的测量的接收信号去除噪声来替代直接将原始的时间序列数据提供给模型。本书构建了一个基于一维卷积自动编码器（1DCAE）网络模型，以确保输入数据的准确性。

卷积神经网络（CNN）是一种深度学习网络框架，模仿了生物自然视觉认知机制。它采用图像卷积计算来识别图像中的特征，典型的 CNN 主要由卷积层、激活层、池化层和全连接层组成。如图 3－6 所示，这些层可以通过训练神经网络来提取特征，进而实现分类、识别等任务。卷积层由卷积核构成，卷积核通过卷积运算来扫描数据，其核心概念是感受野。感受野的大小由卷积核的尺寸决定，感受野越大，说明在原始数据上观察到的范围越大，包含的全局信息越多；感受野越小，说明在原始数据上观察到的范围越小，包含的局部细节越少。

一维卷积神经网络（1D－CNN）可以用来处理超视距传播损耗时间序列数据。它的原理和二维卷积神经网络（2D－CNN）非常相似。1D－CNN 使用一个过滤器对输入信号进行扫描并生成特征数据。该过滤器本质上是一个尺寸固定的权重向量，在输入信号中不断地“步进”，从而生成特征数据。最后将所有特征数据通过全链接层映射到输出层中，从而实施分割、识别、预测功能。

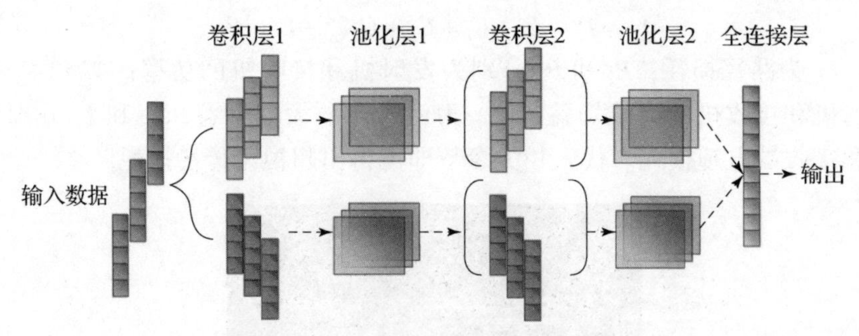

图 3-6 一维卷积神经网络示意图

1. 卷积层

卷积层由多个卷积核组成，卷积核对局部数据进行卷积运算。这种运算本质上是一种离散卷积运算，类似于一个一维矩阵与另一个矩阵之间的乘法运算，其原理如下式所示：

$$\mathrm{Cov}(x,y)=\sum_{a=0}^{w}F(a)\times G(x-a) \tag{3.2}$$

式中：a 为卷积核在 x 方向上的维度；w 为卷积核的尺寸。

2. 池化层

在完成卷积运算后，往往获得的参数量很多，而池化层能够去掉一些贡献较小的传播损耗特征值，有利于网络提取有效信息，还能减少网络运行的内存消耗。池化层的目的是将获取到的特征数据进行特征抽取，缓解计算时的内存压力，更好地挖掘数据局部特征中的有效信息。其数学描述如下：

$$\boldsymbol{P}=\max_{w}\{\boldsymbol{A}^{l}\} \tag{3.3}$$

式中：$\boldsymbol{P}$ 为最大池化得到的特征矩阵；l 为特征数据的维度；$\boldsymbol{A}$ 为卷积后的特征数据；w 为池化区域的宽度。

3. 全连接层

全连接层发挥着“预测器”的功能，属于参数量最多的层，其作用是将输入的传播损耗数据经过卷积层和池化学习特征映射到标记的样本空间，再根据特征来实现“预测”，提高其学习能力，增强网络的鲁棒性。全连接网络的数学描述如下：

$$z_{j}^{l+1}=\sum_{i=1}^{n}w_{ij}^{l}a_{i}^{l}+b_{i}^{l} \tag{3.4}$$

式中：z_j^{l+1} 为第 $l+1$ 层的 j 个神经元的激活值；a_i^l 为第 l 层的 i 个神经元的激活值；w_{ij}^l 为第 $l+1$ 层的 j 个神经元与第 i 个神经元之间的权重；b_i^l 为第 l 层对 $l+1$ 层的 j 个神经元的偏置。

4. 激活函数

随着模型的深度不断提高，模型的复杂性更强，非线性激活函数常被用来增强网络的非线性表达能力，不同类别的激活函数对模型的非线性表达能力不同。因此，在常用的激活函数中，Sigmoid 函数、Tanh 函数等为指数型函数；Swish 函数、ReLU 函数等为分段型函数。

（1）Sigmoid 函数，将输出映射到［0，1］，当输入取极端值时，函数梯度几乎为零，影响参数的更新速度；仅当输入趋近于 0 时，输出趋近于 0.5，此时求解权重梯度，变化非常敏感，易出现正、负两种情况；且当层数过多时，易造成小于 0 的值不断相乘，导致梯度消失，且指数运算耗时长，不适合作为前馈神经网络的隐藏单元。

$$\text{Sigmoid} = \frac{1}{1+\mathrm{e}^{-x}} \tag{3.5}$$

（2）Tanh 函数，即双曲正切函数，当输入取极端值时，输出无限趋近于 -1 或 1，该函数将输出映射到［-1，1］，以 0 为中心；当输入趋近于 0 时，输出值也趋近于 0，此时求解权重梯度，变化非常敏感，易出现正、负两种情况；由于指数运算复杂度高，易出现梯度消失或梯度爆炸的情况。

$$\text{Tanh}(x) = \frac{1-\mathrm{e}^{-2x}}{1+\mathrm{e}^{-2x}} \tag{3.6}$$

（3）Swish 函数，该函数随着 x 的增大 y 可以无限增大，曲线并非呈单调特性，无上边界的特点能够避免该函数由于封顶而出现的饱和情况。同时，该函数比 ReLU 函数对负值有更大的容许程度，能更好地表达非线性梯度流，使网络具有更强的泛化能力。

$$\text{Swish}(x) = x \cdot \text{Sigmoid}(x)^3 \tag{3.7}$$

（4）ReLU 函数，也称修正线性单元，此函数只保留对正数的输出。当输入大于 0 时，不存在梯度饱和的问题，梯度更新后，有相对较强的激活作用。因此，本书采用 ReLU 函数作为激活函数。

$$\text{ReLU}(x) = \max(0,x) \tag{3.8}$$

3.3.1 一维卷积自动编码器网络架构设计

1DCAE 结构如图 3－7 及图 3－8 所示。1DCAE 网络包括两个阶段：编码器和解码器网络。在编码器阶段，应用一维卷积层（Conv1、Conv2、Conv3）和池化层（Pooling1、Pooling2、Pooling3）将超视距传播损耗数据编码为低自由度降噪矩阵。在解码阶段中，解码卷积层（DeConv1、DeConv2、DeConv3）和上采样层（Upsample1、Upsample2、Upsample3）用于重构超视距传播损耗数据。基于 Adam 优化器和反向误差传播算法可以获得良好的训练结果，从而显著提高 1DCAE 的模型性能。详细步骤如下。

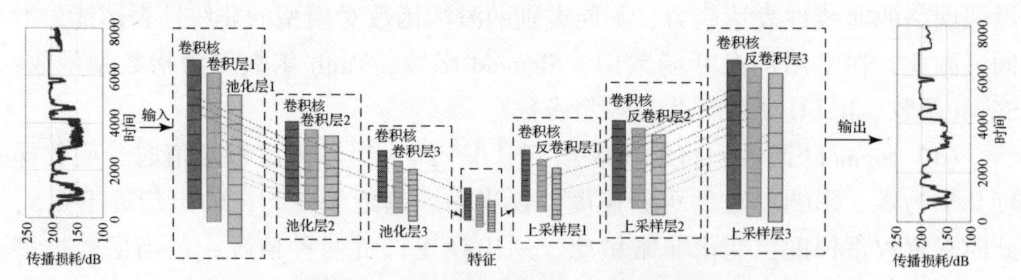

图 3－7　一维卷积自动编码器去噪模型

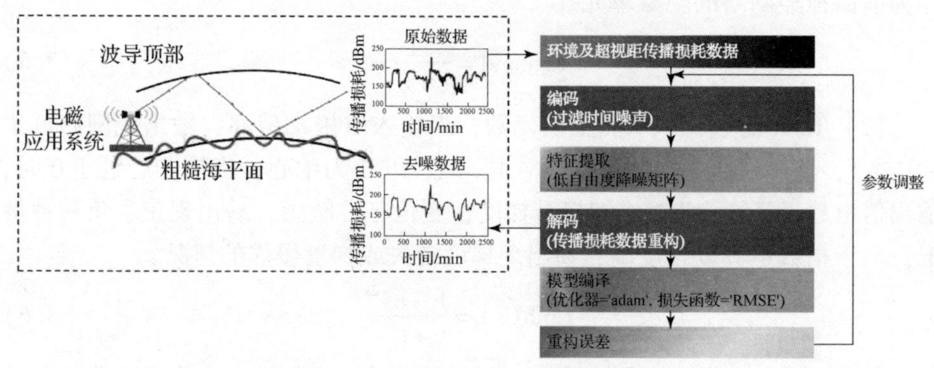

图 3－8　一维卷积自动编码器去噪流程

1. 编码器网络

编码器网络由三个一维卷积层、三个一维池化层组成。图 3－9 展示了一个编码和解码结构的细节部分。卷积核对于输入序列的滑动实现卷积操作，池化层通过池化窗口输出池化后的最大值。上采样层通过零填充来实现对池化层的逆过程，反卷积滑过数据特征以执行反卷积运算，反卷积层实现了反转卷积解码。对于卷积层，第 i 个一维卷积核，其输出是第 i 个特征通道：

$$C_i = \mathrm{ReLU}(\sum X \cdot \omega_i + b_i) \tag{3.9}$$

式中：ReLU 为激活函数；ω_i 为第 i 个卷积核；b_i 为偏置。一维池化层降低了输入数据的维度。对于长度为 L 的第 i 个通道的特征，池化后的输出定义为

$$P_i(n) = \max_{0 \leqslant n \leqslant \frac{L}{S}} \{T_i(nW,(n+1)W)\} \tag{3.10}$$

其中：池化窗口大小为 2，步幅大小为 2，经过池化后，每个通道特征的长度变为原始数据长度的 1/4。

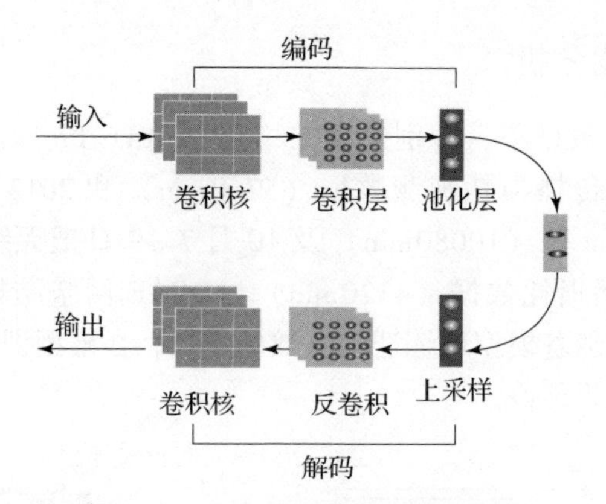

图 3－9　一维卷积网络的编码和解码

2. 解码器网络

解码器网络由 3 个反卷积层和 3 个上采样层组成，与编码器网络的操作相反。由式（3.1）可以推导出反卷积层第 i 个通道的输出如下：

$$D_i = \mathrm{ReIU}(\sum X \otimes \bar{\omega}_i + b_i) \tag{3.11}$$

式中：$\bar{\omega}_i$ 为反卷积核；$\otimes$为反卷积核在输入特征 X 上滑动以进行反卷积操作。

上采样层的输出是对上一层输入数据的放大，恢复池化后的数据维度。对于输入的第 i 个特征，其输出为

$$U_k^i = \begin{cases} 0 & k \neq j_k \\ X^i & k = j_k \end{cases} \quad k \in [t, 4t] = 1, 2, \cdots, l \tag{3.12}$$

式中：l 为特征的长度；j_k 为池化过程中记录的最大值的位置。

该网络可以通过最小化重构误差来训练，误差函数可表示为

$$l(x,z) = l(x, g(h(x))) = \sqrt{\frac{\sum_{i=1}^{n} \sum_{i=1}^{m} (g(h(x)) - x)^2}{nm}} \tag{3.13}$$

式中：x 为初始网络状态观测矩阵输入数据；$g(h(x))$ 为重构数据，与初始输入数据维度相同。该无监督学习方法可以实现时间序列预测的有效特征提取，有效地加快模型的训练速度、增强预测性能。由于单层卷积网络受网络层数的限制，因此很难学习多元时间序列的复杂特征。本书构建了三层一维卷积自动编码器来提高特征提取器的学习能力。本书选择 ReLU 作为激活函数，并使用误差反向传播算法来训练 1DCAE 进行超视距传播损耗时间序列的特征提取。

3.3.2 网络性能分析

本书采用三个数据集，分别是2013年9月14—17日接收天线安装在气象梯度塔2m处的传播损耗观测数据（5760min）和2013年9月18—25日气象梯度塔位于6m处（10080min）及10月7—9日把天线安装在岸边平均海拔25m处的传播损耗数据（4320min）。1DCAE网络结构如表3-2所列。如图3-10所示，随着模型训练迭代次数的增加，在模型训练步数为50步时，模型去噪收敛的效果最好。

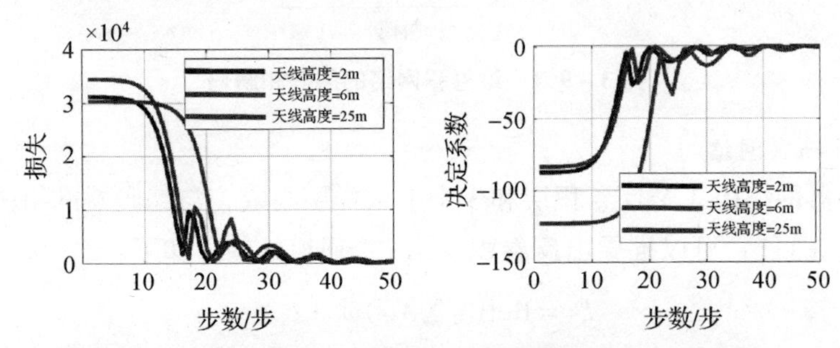

图3-10 不同天线高度数据集下模型收敛过程（见彩图）

为了验证模型的有效性，本书对剔除了时间噪声数据和不剔除时间噪声模型预测的结果进行了对比。图3-11所示为原始输入的超视距传播损耗数据及通过一维卷积自动编码器进行去噪的超视距传播损耗数据。三个数据集的数据分别来自天线高度为2m、6m及25m时的超视距传播损耗。很容易得出结论，即在原始数据中的噪声被过滤掉并且随时间变化突出的特征被保留，1DCAE的降噪能力来自一维卷积网络，大部分噪声通过对输入数据进行卷积核的滑动，实现噪声的过滤。最大池化层通过池化窗口进一步实现去噪，随后通过解码器对随时间波动较大的超视距传播损耗的时间特征进行保留，并对去噪后的输入信号进行数据重构。

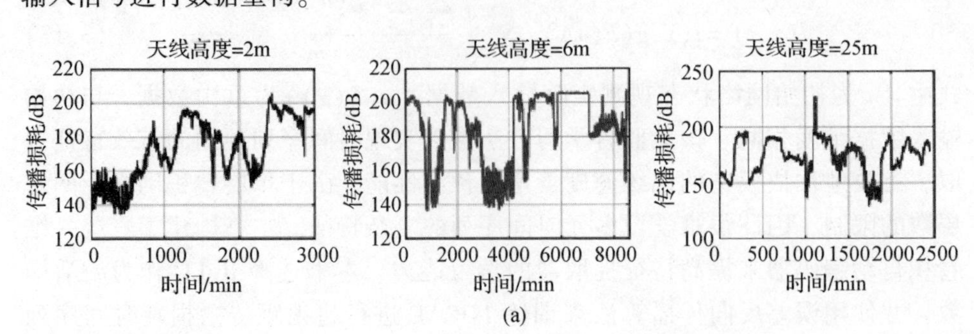

(a)

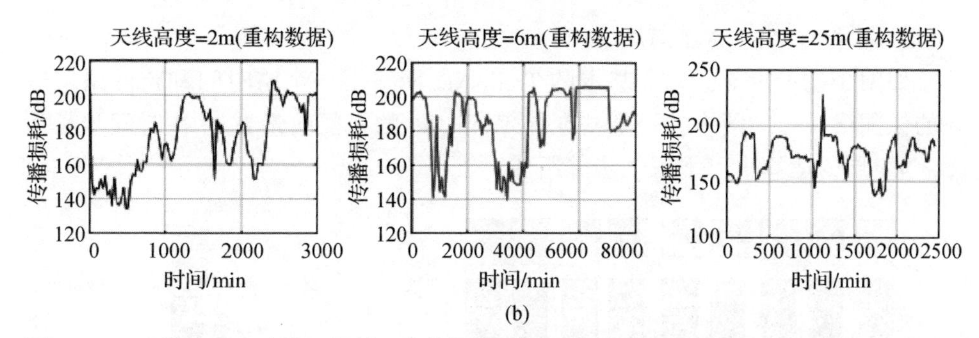

图 3-11　一维卷积自动编码器对三种数据集超视距传播损耗进行去噪处理结果（见彩图）

（a）天线高度分别为 2m、6m、25m 时的原始超视距传播损耗；

（b）天线高度分别为 2m、6m、25m 去噪后超视距传播损耗。

3.4　基于 SL-TrellisNets 网络的超视距传播损耗预测

3.4.1　SL-TrellisNets 网络架构设计

1. 预测问题描述

本书对于超视距传播损耗时间序列的预测描述为 2 个问题。在描述 1 中，引入超视距传播损耗输入和输出的概念。在描述 2 中，描述了超视距传播损耗预测的时间区间问题。

描述 1. 超视距时间序列的输入和输出。对于超视距传播损耗预测，超视距输入序列 h_t^{in} 和输出 h_t^{out}，被分别定义为时间区间 t 内输入和输出超视距的传播损耗的值。

描述 2. 超视距传播损耗预测问题。在给定超视距时间序列截止到时间 t 的历史数据，超视距传播损耗预测问题的目标是预测下一个时间区间 $t+1$ 内超视距传播损耗预测值。

为了解决上述超视距传播损耗预测问题，本书提出一种新颖的深度学习框架：DAE-SL-TrellisNet 框架，图 3-12 所示为模型的整体架构。

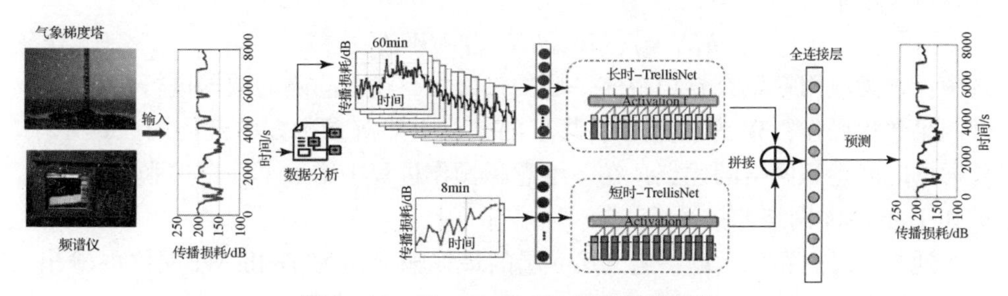

图 3-12　SL-TrellsNet 网络整体架构

2. 基本的 TrellisNet 网络

如图 3－13 所示，一个基本的 TrellisNet 网络由一个跨时间和跨网络层组成的像网格一样的网络，一个基本的 TrellisNet 的特征向量 $\boldsymbol{h}_i^{n+1}$ 在时间步长为 i，$n+1$ 层的运算由以下三个步骤组成。

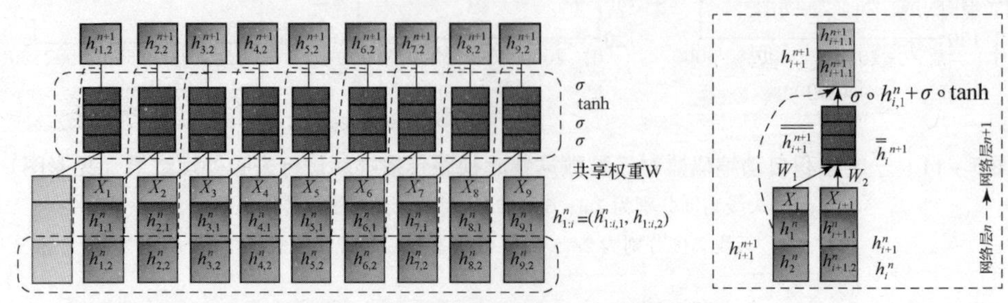

图 3－13　基本的 TrellisNets 网路示意

（1）网络的隐藏输入由过去的第 n 层的隐藏输出 $\boldsymbol{h}_{i-1}^n$，$\boldsymbol{h}_i^n \in R^m$ 和输入序列向量 $\boldsymbol{X}_{i-1}$ 和 $\boldsymbol{X}_i$ 组成，在第 0 层，我们初始化 $\boldsymbol{h}_{1:A}^0 = 0$。

（2）预激活的输出 $\bar{\bar{\boldsymbol{h}}}_i^{n+1} \in \boldsymbol{R}^m$ 来自前馈线性变换过程：

$$\bar{\bar{\boldsymbol{h}}}_i^{n+1} = \boldsymbol{W}_1[\boldsymbol{X}_{i-1} \| \boldsymbol{h}_{i-1}^n] + \boldsymbol{W}_2[\boldsymbol{X}_i \| \boldsymbol{h}_i^n] \tag{3.14}$$

式中：$\bar{\bar{\boldsymbol{h}}}_i^{n+1} \in \boldsymbol{R}^m$ 为预激活的输出；$\boldsymbol{X}_{i-1}$ 和 $\boldsymbol{X}_i$ 分别为第 $i-1$ 个和第 i 个单元的输入序列；$\|$ 为级联操作；$\boldsymbol{W}_1$ 和 $\boldsymbol{W}_2$ 分别为卷积核的权重。

（3）输出 $\boldsymbol{h}_i^{n+1} \in \boldsymbol{R}^m$ 通过非线性激活函数 f 对预激活的输出 $\bar{\bar{\boldsymbol{h}}}_i^{n+1}$ 及上一层的隐藏层输出 $\bar{\bar{\boldsymbol{h}}}_{i-1}^n$ 进行非线性变换的结果，本书在所有网络层和时间序列中都应用了以上转换过程，并且应用了相同的核权重矩阵。

$$\boldsymbol{h}_i^{n+1} = f(\bar{\bar{\boldsymbol{h}}}_i^{n+1}, \bar{\bar{\boldsymbol{h}}}_{i-1}^n) \tag{3.15}$$

因此，对给定输入的超视距传播损耗时间序列 $\boldsymbol{X}_{1:A}$，TrellisNet 在每 n 层的计算可以总结为

$$\boldsymbol{h}_{1:A}^{n+1} = f((\boldsymbol{h}_{1:A}^n \| \boldsymbol{X}_{1:A}) * \boldsymbol{W}, \boldsymbol{h}_{1:A-1}^n) \tag{3.16}$$

式中：$*$ 为应用零填充卷积将前一层的输出仅与过去间隔的数据进行卷积的一维因果卷积操作；$\boldsymbol{W}$ 为在所有层共享的核权重矩阵参数。与此同时，继承了普通的时间卷积网络的优点，在一维卷积操作过程中增加了一个扩张因子，以扩大 TrellisNet 网络的接受域。

通过 e 层的卷积运算，定义第 e 层的最终输出作为 TrellisNet 网络的输出。定义为

$$\boldsymbol{\Gamma}^{(e)}(\boldsymbol{X}_{1:A}) = \boldsymbol{h}_A^{e+1} \tag{3.17}$$

式中：$\boldsymbol{\Gamma}^{(e)}(\cdot)$为 TrellisNet 网络在 e 层的整体操作。

3. SL－TrellisNets 模型构建

为了捕获超视距传播损耗输出的非线性时间序列关系，本书提出了 SL－TrellisNets 网络。如图 3－14 所示，本书提出的预测模型结构主要分为四个部分：输入数据、模型参数设置、短时和长时并行双流 TrellsNets 网络及输出。

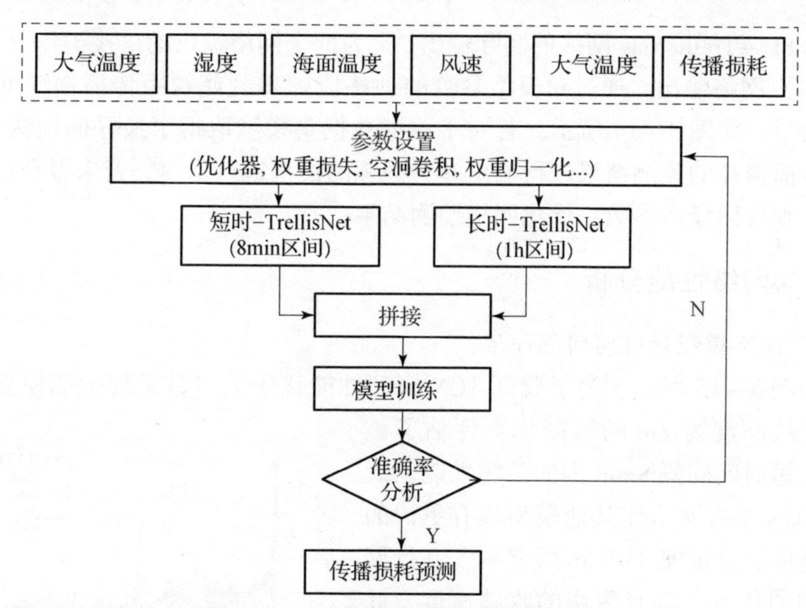

图 3－14　超视距传播损耗预测流程图

（1）输入数据：输入数据来自经过 1DCAE 去噪的中国渤海实测的超视距传播损耗、海面温度、风速、大气温度、相对湿度、气海温差环境参数。

（2）模型参数设置：在整个网络的评估过程中模型的参数设置扮演着重要角色。在 SL－TrellisNets 网络模型中主要的参数如下。

优化器：Adam 优化器继承了 Adagrad 自适应学习率梯度下降算法和动量梯度下降算法的优点，容易执行并且具有较高的运算效率，因此很适合解决超视距传播损耗参数的相关性问题。

权重损失：通过调节隐藏层到隐藏层之间的权重 W 能够优化序列模型并且提高模型训练的有效性，本书也将这样的方法应用于 TrellisNet 网络中。

空洞卷积：空洞卷积网络能够帮助模型增加感受野并且提高模型的收敛速度，空洞卷积也可以用于 TrellisNet 网络提高模型训练效率。

权重归一化：权重归一化能够直接调整权重矩阵的尺寸和大小。在 TrellisNet 卷积核中引用权重归一化能够识别有效的正则化过滤器来提高模型收敛的速度。

（3）短时和长时并行双流 TrellisNets：本书划分短时区间为 8min，长时区间为 60min，并行 S－TrellisNet（8min）网络和 L－TrellisNet（60min）网络去获得时间序列的非线性关系。并行化的网络进行输出表示如下：

$$\hat{\boldsymbol{X}}_{a+1} = \boldsymbol{\Gamma}^{(f)}(\boldsymbol{X}_{1:B}) \parallel \boldsymbol{\Gamma}^{(e)}(\boldsymbol{X}_{1:A}) \tag{3.18}$$

式中：f 和 e 分别为 L－TrellisNet 网络和 S－TrellisNet 网络的网络层的数量；$\hat{\boldsymbol{X}}_{a+1}$ 为 SL－TrellisNets 网络的实际输出；$\parallel$ 为两个网络输出的拼接操作。

（4）网络输出：通过对模型参数的训练能够得到超视距传播损耗准确的预测结果。如图 3－14 所示，若对于测试数据集模型取得了最好的预测结果，则将传播损耗的预测结果进行输出并对训练的模型进行保存；若未得到最优的结果，则返回模型参数，优化网络预测结果。

3.4.2 网络性能分析

1. TCN 模型短时间间隔评估

如图 3－15 所示，为了验证 TCN 模型性能优于大多数常规预测模型，本书在天线高度为 2m 的数据集上评估了该模型在短时间间隔 8min 内的预测性能。观察到 TCN 结构网络比其他模型具有更快的收敛速度，这证实了 TCN 因继承了并行网络结构的优点，具有更快的收敛速度。此外，图 3－16 中的在天线高度 2m 数据集上四个模型的预测结果，对于训练集的预测效果都表现良好，但对于测试集，只有 TCN 模型预测的结果能够与原始数据吻合，确实优于其他三个模型。

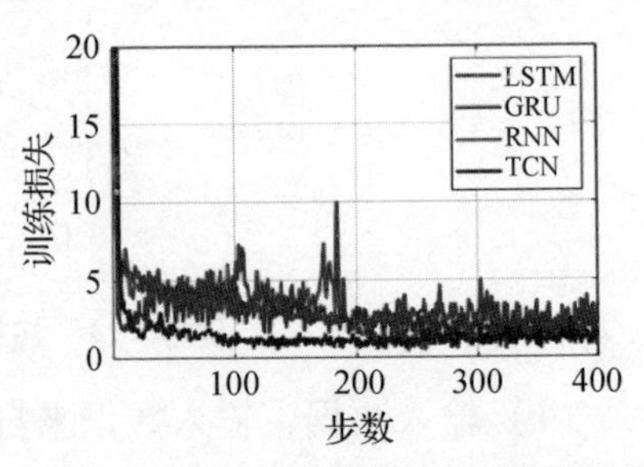

图 3－15 4 种不同模型在天线高度为 2m 数据集的短时预测时间区间的训练损失值的变化（见彩图）

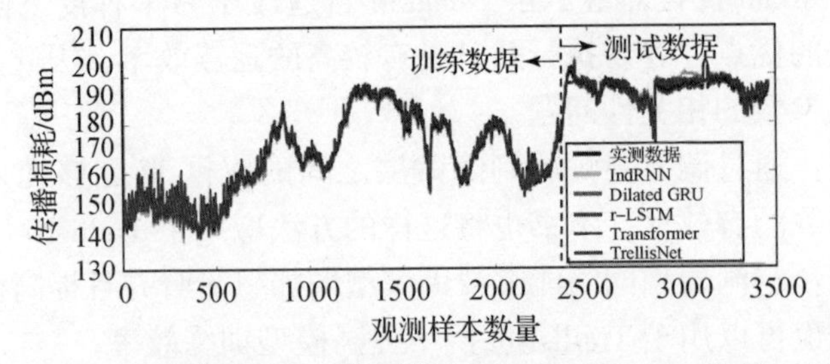

图 3－16 天线高度为 2m 数据集上 LSTM、GUR、CNN、TCN 四种模型在训练集和在测试集上的预测结果（见彩图）

2. 变体模型在短时间隔的评估

为了进一步验证本章提出的深度学习变体结构的有效性，本书在天线高度为 2m 的数据集上以 8min 为短时间隔预测来验证几个变体模型的有效性。如图 3－17 所示，对比了几种基本变体模型，模型收敛速度都有所提升。TrellisNet 的收敛速度比其他变体模型更快，在第 10 次左右实现收敛；随后是 Transformer 在第 30 次左右收敛；r－LSTM 在第 40 次左右收敛；Dilated GRU 在第 70 次收敛；最后是 IndRNN，在第 100 次左右收敛。可以得出，TrellisNet 网络实现了更快的训练和收敛速度。如图 3－18 和表 3－2 所示，IndRNN 作为 RNN 的变体模型[23]，其本质还是递归神经网络的变体，虽然预测的准确率有所升高，但仍无法实现并行化的运算，即便是增加空洞卷积的 GRU 模型[24]，在超视距传播损耗序列增加的情况下，出现了梯度消失，无法保证模型预测的准确率。r－LSTM 网络作为 LSTM 网络的变体[25]，结合了辅助损失机制，相比其他两种模型，预测的准确率更高。Transformer 引入自注意力机制[26]，相比 r－LSTM，超视距传播损耗预测的 MAE 和 RMSE 误差分别降低了 32.50% 和 29.72%。本书采用的具有权值共享和输入注入的 TrellisNet 网络，通过并行化的时序卷积网络避免超视距传播损耗预测出现梯度爆炸。试验结果表明，相比 Transformer 模型，超视距传播损耗预测的 MAE 和 RMSE 误差进一步分别降低了 65.66% 和 66.94%。

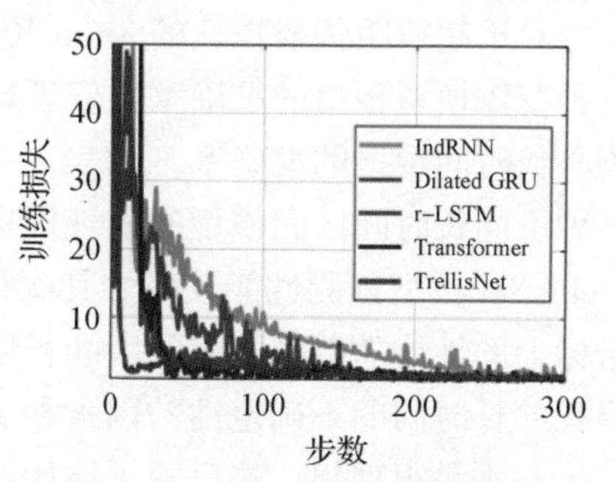

图 3－17　随着迭代次数的增加的 IndRNN、Dilated GRU、r－LSTM、Transformer、TrellisNet 模型在训练过程中损失值的变化（见彩图）

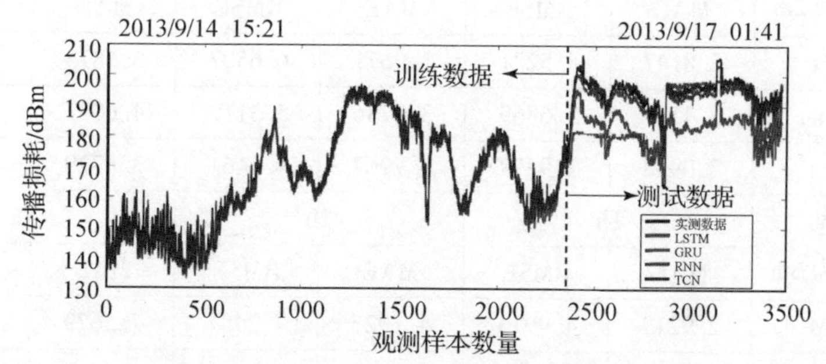

图 3－18　天线高度为 2m 数据集上 IndRNN、Dilated GRU、r－LSTM、Transformer、TrellisNet 五种模型在训练集和测试集上的预测结果（见彩图）

表 3 – 2　短时预报的变体模型对比

数据集	天线高度为 2m	
	MAE	RMSE
IndRNN	3. 528	5. 5356
Dilated GRU	2. 166	4. 7525
r – LSTM	1. 126	1. 6866
Transformer	0. 76	1. 1854
TrellisNet	0. 261	0. 3919

3. 变体模型长时预测模型评估

对于超视距传播损耗的 8min 短时预报，r – LSTM、Transformer、TrellisNet 三种变体模型预报的准确率比较理想，但是在实际的海洋环境中，研究人员更关心长时间预报的准确率。如表 3 – 3 所列，对比了模型在过去 1h、2h 及 3h 三种不同长时间区间模型的表现能力。首先明显观察到，相比其他两种模型，TrellisNet 模型预测性能较好。其次得出结论，所有模型在 MAE 和 RMSE 评价指标上的性能随着观测时间区间长度的增强而误差变大。这是因为超视距传播损耗的长时间的不确定性的因素积累。除此之外，整体预测 MAE 和 RMSE 的结果并不是很理想，这反映了原始数据中仍然存在大量的时间噪声，超视距传播损耗的时间序列中存在大量的不规则变化的时间区间；同时也证明了有必要提出一个有效的模型来预测超视距传播损耗。

表 3 – 3　长时预报模型对比

数据集	1h		2h		3h	
天线高度为 2m	MAE	RMSE	MAE	RMSE	MAE	RMSE
r – LSTM	2. 8147	4. 5221	3. 9671	6. 6507	6. 6874	16. 3519
Transformer	2. 4579	3. 6869	3. 3746	5. 3119	4. 6037	11. 2056
TrellisNet	2. 0998	2. 9497	2. 7967	4. 6461	3. 8729	7. 2094
数据集	1h		2h		3h	
天线高度为 6m	MAE	RMSE	MAE	RMSE	MAE	RMSE
r – LSTM	2. 9213	4. 9913	4. 1925	7. 2457	7. 5679	16. 9631
Transformer	2. 6947	3. 5194	3. 5446	5. 8794	4. 9687	11. 5692
TrellisNet	2. 1999	3. 0116	3. 0307	4. 9974	4. 2729	8. 9879

续表

数据集 天线高度为 25m	1h		2h		3h	
	MAE	RMSE	MAE	RMSE	MAE	RMSE
r – LSTM	2. 6752	4. 0129	3. 3079	5. 1618	6. 3530	9. 5295
Transformer	2. 3601	3. 5399	2. 9274	4. 3911	4. 7203	7. 0804
TrellisNet	1. 9612	2. 9918	2. 4086	3. 7129	3. 2402	5. 1603

4. 传播损耗时间变化特征分析

如前文所述，超视距传播损耗时间序列存在不规律的非均匀变化的特征，为了解决非均匀变化，本书提出了 SL – TrellisNets 网络，以解决超视距传播损耗时间序列非线性关系。为了验证这种模型结构的必要性，将 1DCAE – SL – TellisNets 模型与已经在长时间预测序列预测过程中取得良好效果但是没有考虑超视距时间序列的关联关系的 1DCAE – TellisNet 模型进行对比。图 3 – 19 展示了在三种数据集下对不同时间区间的超视距传播损耗的预测结果，考虑了长

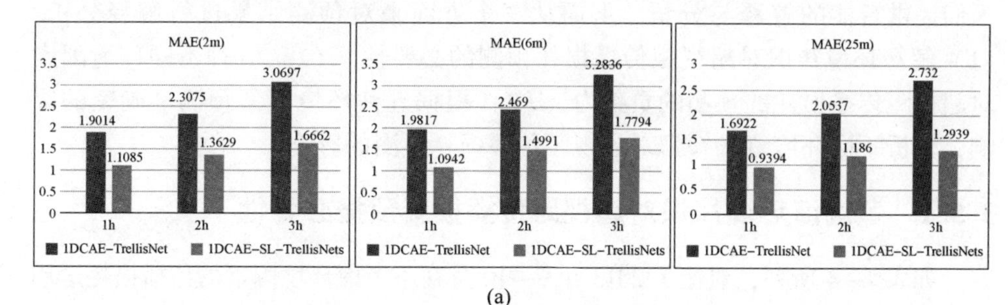

(a)

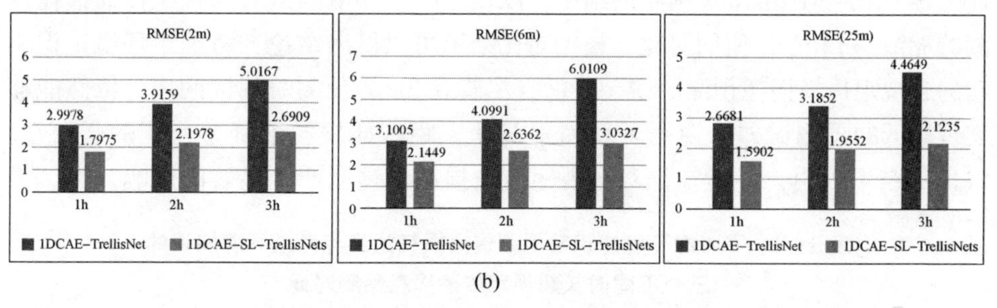

(b)

图 3 – 19　天线高度分别为 2m、6m、25m 时 1DCAE – TrellisNet、1DCAE – SL – TrellisNets 模型比较（见彩图）

（a）天线高度为 2m、6m、25m 数据集时 1DCAE – TrellisNet 模型与 1DCAE – SL – TrellisNets 模型 MAE 值的对比；

（b）天线高度为 2m、6m、25m 时 1DCAE – TrellisNet 模型与 1DCAE – SL – TrellisNets 模型 RMSE 值的对比。

短时间特征的 1DCAE – SL – TellisNets 网络预测的准确率远远超过了 1DCAE – TellisNet 模型。这样的结果充分说明了长短时并行网络对解决超视距传播损耗不均匀变化预测的必要性，并且验证了 SL – TellisNets 模型的有效性。

3.5 环境知识驱动超视距预测分析

图 3 – 1 显示，在 2013 年 9 月 14 日中国渤海测量的超视距观测序列中，各项参数在时间 A 和 B 两个节点处发生较大的波动。根据测量的海上环境发现引起其变化的主要因素是海表温度、风速、相对湿度、大气温度及气海温差的波动。因此直观了解复杂的海洋环境对电磁波超视距传播的影响及对无线电通信系统设计有十分重要的意义，并有助于识别在复杂海上环境下进行超视距安全通信。

为了直观地理解多种海洋环境知识因素与实际通信系统相结合对超视距传播损耗预测精度的影响，需要采用定制化的精准的 1DCAE – SL – TrellisNets 模型来实现环境知识驱动的超视距传播损耗预测，从而对于没有深度学习背景的人们提供智能的解释与分析。下面从三个方面来对预测结果进行解释分析：(1) 解释环境知识对超视距传播损耗预测的必要性。(2) 五种不同环境因素对超视距传播损耗的预测的贡献力。(3) 根据五种环境因素预测准确率的影响，分析不同环境背景知识对超视距传播损耗预测的影响。

3.5.1 黄渤海环境知识对超视距传播损耗预报必要性

如表 3 – 4 所列，对比了 2013 年 9—10 月在不考虑环境因素的传播损耗运用 1DCAE – SL – TrellisNets 预测的结果，以及考虑了环境因素对超视距传播损耗预测的 MAE 和 RMSE 值的对比。根据对比结果可以得出结论，考虑了环境知识驱动的超视距传播损耗预测的误差更低，尽管在 3h 的预测时间区间内，依然能够实现较低的预测误差，说明环境因素对超视距传播损耗准确率预测的必要性。对比的结果表明，环境知识对超视距传播损耗的预测产生显著的影响。

表 3 – 4 不考虑环境知识超视距传播损耗预测与考虑环境知识的三个不同时长超视距传播损耗预测对比

数据集	1h		2h		3h	
	MAE	RMSE	MAE	RMSE	MAE	RMSE
不考虑环境因素	1.9982	3.1328	2.5671	4.1894	3.3649	6.2393
考虑环境因素	0.9214	1.4776	1.2671	1.8532	1.3502	2.0134

3.5.2　五种不同环境知识对超视距传播损耗预测的影响

本书将超视距传播损耗预测序列中分别抽取出一种环境因素，得出剩下的四种环境因素对超视距传播损耗预测的均方根误差，并代入式（3.19）中，如图3－20及表3－5所示，对比了在2013年9—10月的中国渤海不同环境数据对超视距传播损耗预报1h准确率的影响，五种环境因素对超视距传播损耗的准确率的影响都有所差异，这也充分地说明了环境变化的复杂性。其中，贡献力排在第一位的是大气温度对超视距传播损耗准确率的影响，达到了78%；其次分别为57%的海面温度、48%的气海温差及42%的相对湿度和36%的风速。与此同时，分别对比了不同环境因素的皮尔逊相关系数，通过皮尔逊相关系数计算，排在第一的是气海温差0.32，其次分别为大气温度0.26、相对湿度0.22、风速0.19和海面温度0.13。对于超视距传播损耗准确率预测并没有太大影响，由此可知，皮尔逊相关系数更适合固定距离变量数据之间的相关性分析，并不适用于超视距传播损耗预测问题。此外，不同的环境知识因素对预测精度的贡献力也表明了提高重要环境因素的分辨率对超视距传播损耗预测的必要性。

$$\mathrm{ERROR}=\frac{R_i-R_{\mathrm{all}}}{R_{\mathrm{all}}} \tag{3.19}$$

式中：ERROR为不同环境因素对预测值均方根误差的影响百分比（%）；R_i为四种不同环境因素对预测值的均方根误差的影响；R_{all}为受五种环境因素影响的预测值的均方根误差。

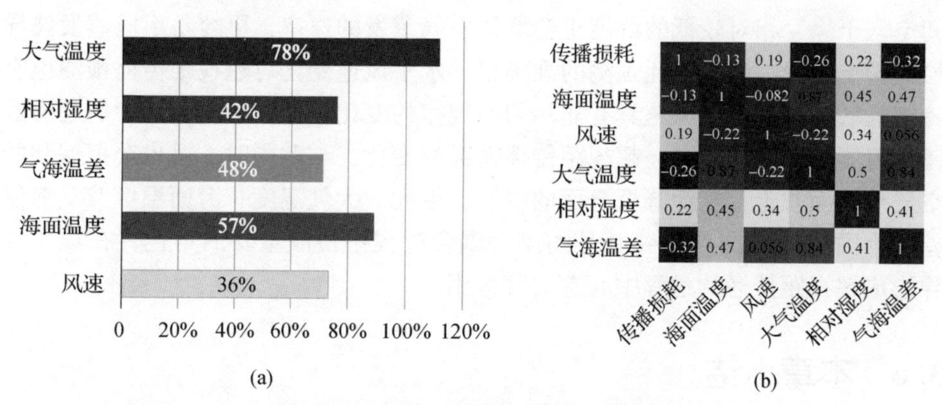

图3－20　风速、海面温度、气海温差、相对湿度、大气温度对超视距传播损耗预测RMSE的影响（a）；风速、海面温度、气海温差、相对湿度、大气温度对超视距传播损耗预测CORR值（b）

表 3-5　风速、海面温度、气海温差、相对湿度、大气温度对超视距传播损耗预测 RMSE 影响及 CORR 值

排名	环境因素	RMSE(1.4776)	ERROR%	CORR
1	大气温度	2.6348	78%	0.26
2	海面温度	2.3271	57%	0.13
3	气海温差	2.1812	48%	0.32
4	相对湿度	2.0965	42%	0.22
5	风速	2.0141	36%	0.19

以上介绍的五种环境因素对超视距传播损耗预测准确率的影响，排在前三的是大气温度、海面温度、气海温差，它们都是对超视距传播损耗预测准确率的温度因素。由于本次实验的传播路径是中国渤海的远洋路径，传播过程会受到稳定和不稳定的大气环境影响，这两种大气环境的环境温度差值对超视距传播损耗预测的准确率极其敏感。并且较高的大气温度和海面温度会造成蒸发加速，海面水汽蒸发使在海面上很小高度的范围内的大气湿度锐减，从而形成蒸发波导超视距传播环境，本次试验处于夏末季节，来自陆地的干暖气流会持续地吹向海洋，造成陆海交界面处逆湿现象显著，使大气环境的区域性和非均匀性显著，对超视距传播损耗预测准确率的影响也最为明显，并且蒸发波导环境的形成是海气相互作用的产物，存在于近海海面，气海温差在大气下边界的质量、动量和能量传递中扮演关键角色。排在第四位的是相对湿度，由于试验期间空气干燥，相对较低的湿度也会增加空气蒸发的速率，更容易形成蒸发波导层而影响超视距传播损耗预测的准确率。水平风速变化对超视距传播预测也有一定的敏感性。由于风速具有非均匀不规律的变化，这种变化表现为引起海面镜反射能量因子的衰减、超视距传播损耗的变化，与此同时，风也会把饱和的空气从海面吹走，从而降低海面的湿度。因此，大气温度、海面温度及气海温差在中国渤海 2013 年 9—10 月的海气耦合过程中扮演重要的角色，在蒸发波导形成超视距传播的过程中起着关键作用。

3.6　本章小结

由于气象梯度塔和光谱仪需要不断采集环境参数数据和电磁信号。这些原始数据在传输、转换、存储和测量设备内受到时间噪声的影响。为滤除时间噪声，本书提出 1DCAE 提取接收信号和测量环境数据的噪声。在对环境和超视

距传播损耗数据进行去噪的基础上，提出了一种新颖的环境知识驱动深度学习框架——SL - TrellisNets，以实现超视距传播损耗预测。具体来说，从时间序列预测的角度，提出用 TrellisNet 网络框架，解决输入长区间的观测序列导致的梯度爆炸问题；提出用两个并行的 TrellisNets 网络，获取非均匀变化的超视距传播损耗的长时和短时间相关性。实验结果表明，与 1DCAE - TrellisNet 相比，考虑短时和长时特征的模型的 MAE 和 RMSE 分别降低了 1.0623dBm 和 1.6984dBm。此外，针对缺乏影响超视距传播损耗预测精度的环境知识问题，本书首次结合深度学习框架对超视距传播损耗预测精度的影响进行了解释，得出的结论是大气温度对超视距传播损耗精度的贡献位居第一，达到 78%；其次分别海面温度影响 57%；气海温差 48%；相对湿度 42%；最后是风速 36%，以上环境因素在海气耦合过程中起关键作用，对超视距传播的形成贡献较大。SL - TrellisNets 是为解决超视距传播损耗预测定制化的深度学习网络，这样的方法可以用于其他电磁传播或者通信领域时间序列的预测问题。

参考文献

[1]郭相明，林乐科，赵栋梁，等. 蒸发波导模型与微波超视距传播试验对比[J]. 电波科学学报，2021，36(1)：150 - 155，162.

[2]ALNWAIMI G，VAHID S，MOESSNER K. Dynamic heterogeneous learning games for opportunistic access in LTE - based macro/femtocell deployments[J]. IEEE Transactions on Wireless Communications，2014，14(4)：2294 - 2308.

[3]CHAMBON S，GALTIER M N，ARNAL P J，et al. A deep learning architecture for temporal sleep stage classification using multivariate and multimodal time series[J]. IEEE Transactions on Neural Systems and Rehabilitation Engineering，2018，26(4)：758 - 769.

[4]ZHAO R，YAN R，CHEN Z，et al. Deep learning and its applications to machine health monitoring[J]. Mechanical Systems and Signal Processing，2019，115：213 - 237.

[5]LECUN Y，BENGIO Y，HINTON G. Deep learning[J]. Nature，2015，521(7553)：436 - 444.

[6]LIANG P，DENG C，WU J，et al. Intelligent fault diagnosis of rolling element bearing based on convolutional neural network and frequency spectrograms[C]//2019 IEEE International Conference on Prognostics and Health Management(ICPHM). IEEE，2019：1 - 5.

[7]HAN J，WU J J，ZHU Q L，et al. Evaporation duct height nowcasting in China's Yellow Sea based on deep learning[J]. Remote Sensing，2021，13(8)：1577.

[8]ZHANG X，HUANG X Y，PAN N. Development of the upgraded tangent linear and adjoint of the Weather Research and Forecasting(WRF) model[J]. Journal of Atmospheric and Oceanic Technology，2013，30(6)：1180 - 1188.

[9]ZHANG Y，SARTELET K，ZHU S，et al. Application of WRF/Chem - MADRID and WRF/Polyphemus in Europe - Part 2：evaluation of chemical concentrations and sensitivity simulations[J]. Atmospheric Chemistry

and Physics,2013,13(14):6845 – 6875.

[10]李磊,吴振森,林乐科,等.海上对流层微波超视距传播与海洋大气环境特性相关性研究[J].电子与信息学报,2016,38(1):209 – 215.

[11]RAVURI S,LENC K,WILLSON M,et al. Skilful precipitation nowcasting using deep generative models of radar[J]. Nature,2021,597(7878):672 – 677.

[12]CHEN C,LI K,TEO S G,et al. Gated residual recurrent graph neural networks for traffic prediction[C]//Proceedings of the AAAI Conference on Artificial Intelligence. 2019,33(1):485 – 492.

[13]Rappaport T S,MacCartney G R,Samimi M K,et al. Wideband millimeter – wave propagation measurements and channel models for future wireless communication system design[J]. IEEE transactions on Communications,2015,63(9):3029 – 3056.

[14]Berger P,Attal Y,Schwarz M,et al. RF spectrum analyzer for pulsed signals:ultra – wide instantaneous bandwidth,high sensitivity,and high time – resolution[J]. Journal of Lightwave Technology,2016,34(20):4658 – 4663.

[15]DENG S,ZHANG N,ZHANG W,et al. Knowledge – driven stock trend prediction and explanation via temporal convolutional network[C]//Companion Proceedings of the 2019 World Wide Web Conference. San Francisco,2019:678 – 685.

[16]DING X,HE Q. Energy – fluctuated multiscale feature learning with deep convnet for intelligent spindle bearing fault diagnosis[J]. IEEE Transactions on Instrumentation and Measurement,2017,66(8):1926 – 1935.

[17]ERPEK T,O'SHEA T J,SAGDUYU Y E,et al. Deep learning for wireless communications[J]. Development and Analysis of Deep Learning Architectures,2020:223 – 266.

[18]HE K,ZHANG X,REN S,et al. Deep residual learning for image recognition[C]//Proceedings of the IEEE Conference on Computer Vision and Pattern Recognition. Las Vegas,2016:770 – 778.

[19]ZHAO M,ZHONG S,FU X,et al. Deep residual shrinkage networks for fault diagnosis[J]. IEEE Transactions on Industrial Informatics,2019,16(7):4681 – 4690.

[20]CHEN K,HU J,HE J. A framework for automatically extracting overvoltage features based on sparse autoencoder[J]. IEEE Transactions on Smart Grid,2016,9(2):594 – 604.

[21]COUTINHO M G F,TORQUATO M F,FERNANDES M A C. Deep neural network hardware implementation based on stacked sparse autoencoder[J]. IEEE Access,2019,7:40674 – 40694.

[22]XU W,CHANG C,HUNG Y S,et al. Asymptotic properties of order statistics correlation coefficient in the normal cases[J]. IEEE Transactions on Signal Processing,2008,56(6):2239 – 2248.

[23]LI S,LI W,COOK C,et al. Independently recurrent neural network(indrnn):building a longer and deeper rnn[C]//Proceedings of the IEEE Conference on Computer Vision and Pattern Recognition. Salt Lake City,2018:5457 – 5466.

[24]CHANG S,ZHANG Y,HAN W,et al. Dilated recurrent neural networks[J]. Advances in Neural Information Processing Systems,2017,30:1 – 12.

[25]TRINH T,DAI A,LUONG T,et al. Learning longer – term dependencies in rnns with auxiliary losses[C]//International Conference on Machine Learning. PMLR,2018:4965 – 4974.

[26]Niu Z,Zhong G,Yu H. A review on the attention mechanism of deep learning[J]. Neurocomputing,2021,452:48 – 62.

第4章　基于深度学习的水平非均匀对流层波导剖面反演

4.1　引言

海上低空对流层波导能够在波导层中捕获大量的电磁波，严重干扰实际的海上雷达的通信性能。由于不同海域的气象条件不同，波导的出现通常具有区域性和非均匀性特性[1]。这种非均匀性会使雷达海杂波功率增强与减弱的距离点产生水平方向的移动，从而影响大气折射率剖面的反演。然而，要对大气波导修正折射率（M）剖面的水平不均匀性进行反演，就需要对折射率剖面参数进行精细化描述。如图4－1所示，通过定义所有垂直M剖面参数在不同距离处的取值，即可实现对大气折射率剖面的精确描述。然而，由于水平距离的自由度太多，即M剖面参数变量的维度太高，使修正折射率剖面结构的反演很难实现。例如，假设大气垂直折射率剖面由5个参数$P_1 \sim P_5$进行描述，每个参数每隔0.1km取一个随机值，则在1～100km的范围内，需要1000个维度才能实现每个垂直修正折射率剖面参数的水平非均匀建模，这种高维度的反

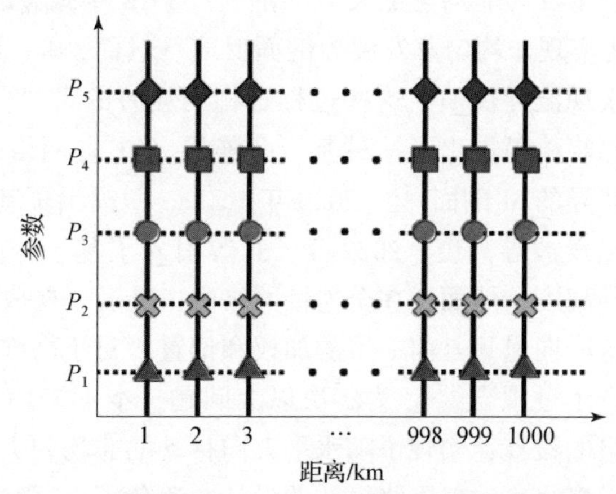

图4－1　非均匀蒸发波导修正折射率剖面参数建模示意

演需要极大的计算量，迫切需要低自由度（降维）非均匀波导剖面建模方式。经典的非均匀大气波导反演首先采用主分量分析法（PCA）实现水平非均匀波导剖面降维。然而，主分量分析法只能做简单的波导线性变换，无法满足实际高维度的非均匀波导参数提取。因此，迫切需要一个有效的非均匀大气波导剖面降维方法。

深度学习的蓬勃发展为数据降维带来了新的解决方案[2]。典型的深度学习模型包括反向传播网络、深度置信网络[3]和堆栈自动编码器（SAE）[4]。然而，上述模型属于全连接网络，在进行数据降维时，会由于网络权重的叠加产生过高的网络参数，造成网络计算成本的大幅度增加。Paoletti 等[5]提出了深度卷积网络（CNN）用于图像的特征提取和分类，Han 等[6]提出了一个不同尺度的双流卷积网络用于降维。然而，这些网络仍然需要大量的标签标注进行监督学习。为了解决这个问题，Dasan 提出了卷积降噪非监督自动编码器用于电子信号降维[7]。Zhang 等提出了[8]一个卷积神经网络用于非监督数据的特征提取。然而，CNN 模型由于网络层数的增加仍需要网络权重的优化和参数的调整。为了解决由高维度的非均匀大气波导的降维带来的网络层数增加的权重问题，本书将残差学习模块和跳跃连接机制进行卷积自动编码器网络优化，提出了一维残差扩张因果卷积自动编码器（1D－RDCAE）网络实现非均匀大气波导低维度剖面参数构建。

虽然基于深度学习 1D－RCAE 框架在非均匀蒸发波导剖面降维方面取得了较好的结果，但仍然缺乏一个高精度的模型来构建海杂波功率与非均匀大气波导剖面之间的非线性映射关系。2003 年，Gerstoft 等采用遗传算法（GA）[9]来实现雷达杂波技术反演非均匀蒸发波导剖面。2012 年张金鹏[10]采用粒子群优化（PSO）算法实现非均匀蒸发波导剖面反演。然而，GA 和 PSO 算法都需要反复迭代计算实现波导反演，这些过程是相当耗时的[11－16]。为了平衡反演的效率和精度，郭晓薇等提出了一种基于全连接（FC）网络的深度学习结构来反演均匀蒸发波导的 M 剖面[17]。2020 年，Zhao[18]提出了基于 BP 神经网络的方法用于预测蒸发波导高度。2022 年，Ji 等引入了基于深度神经网络方法用于预测蒸发波导高度。然而，在全连接网络中，最后一层收集的高维非均匀蒸发波导剖面的特征向量只是前一层的加权和偏置，对于高维度的非均匀波导剖面反演很容易产生过拟合[19]。为解决以上问题，本书采用了多尺度残差模块的卷积神经网络的设计，实现了随水平方向移动的非均匀大气波导剖面的有效提取，并且通过多尺度残差网络模块的设计，避免了由网络层加深引起的网络过拟合。

4.2 水平非均匀蒸发波导剖面参数建模

Paulus 依据 Monin – Obukhov 相似理论提出适用于热中性气象条件下的蒸发波导折射率剖面模型，简称 PJ 模型[9]，其具体的数学形式为

$$M(z) = M_0 + 0.125z - 0.125\delta\ln[(z + z_0)/z_0] \tag{4.1}$$

式中：z 为高度；δ 为波导的厚度；M_0 为海面修正折射率；z_0 为空气动力学粗糙度因子。该模型给出的折射率剖面只有一个参数，即波导厚度 δ。由于该模型参数单一，无法充分表征波导折射率剖面的全部信息，影响了蒸发波导反演的精度。为了提高反演精度，张金鹏等提出了改进的 PJ 模型，该模型在波导厚度 δ 基础上又增加了波导强度 ΔM 和两个调节因子，因子 ρ_1 调节波导顶以下高度处修正大气折射率随高度变化的梯度，因子 ρ_2 调节波导顶以上高度处修正大气折射率随高度变化的梯度，相应的剖面参数状态矢量为 $\boldsymbol{X} = [\delta, \Delta M, \rho_1, \rho_2]^{\mathrm{T}}$。四参数模型将海平面垂直方向上 z_{joint} 以下高度的范围内的修正折射率曲线改为直线，从 z_{joint} 到 δ 的范围内的修正折射率曲线以对数函数的方式表示，只不过增加了因子 ρ_1 用于调节修正折射率随高度变化的梯度，δ 以上范围内的修正折射率则用因子 ρ_2 调节。给出该模型的函数解析式，给定反演算法的输入状态矢量 $\boldsymbol{X} = [\delta, \Delta M, \rho_1, \rho_2]^{\mathrm{T}}$，$z_{\text{joint}}$ 为小于 δ 的未知量，则海面至 z_{joint}，高度范围内修正折射率为

$$M(z) = M_0 + kz(0 < z \leqslant z_{\text{joint}}) \tag{4.2}$$

$$k = 0.125\rho_1[1 - \delta/(z_{\text{joint}} + z_0)] \tag{4.3}$$

式中：z_{joint} 至 δ 范围内的修正折射率为

$$M(z) = M_0 + M^{\text{offset}} + 0.125\rho_1 z - 0.125\rho_1\delta\ln[(z + z_0)/z_0](z_{\text{joint}} < z \leqslant \delta) \tag{4.4}$$

为使两个模型在 δ 处的修正折射率相等，需要满足

$$M_0 + M_1^{\text{offset}} + 0.125\rho_1\delta - 0.125\rho_1\delta\ln[(\delta + z_0)/z_0] = M - \Delta M \tag{4.5}$$

整理可以得到未知量 z_{joint} 的非线性方程为

$$\frac{-\rho_1 z_{\text{joint}}}{z_{\text{joint}} + z_0} = 0.125\rho_1\delta[1 + \ln(z_{\text{joint}} + z_0/\delta + z_0)] + \Delta M \tag{4.6}$$

由式（4.6）可知，z_{joint} 是由 δ、ΔM 和 ρ_1 三个参数决定的，通过式（4.6）可以解出 z_{joint}。

$z > \delta$ 范围内的修正折射率为

$$M(z) = M_0 + M_2^{\text{offset}} + 0.125\rho_2\delta\ln[(z + z_0)/z_0] \tag{4.7}$$

式中：

$$M_2^{\text{offset}} = -\Delta M - 0.125\rho_2\delta + 0.125\rho_2\delta\ln[(\delta + z_0)/z_0] \tag{4.8}$$

如图 4-2 所示，康健等[20]提出三参数模型。由于四参数模型带来的维度的增加使运算遍历空间的运算量大幅度增加，极大地限制了反演算法的效率。散射信号功率和剖面参数之间存在复杂的非线性关系，反演算法极易在参数寻优的过程中陷入目标函数的局部极值，导致过早收敛，所以参数的反演精度受散射信号功率对参数本身的敏感度影响，敏感度高的参数有利于反演算法跳出局部极值，而敏感度低的参数不适合作为折射率剖面的参数。为了解决以上问题，康健提出了舍弃参数 ρ_1 和 ρ_2，在保留参数 δ 和 ΔM 的基础上引入一个因子 ρ，用于调节波导顶上高度范围内的修正折射率。则蒸发波导折射率剖面参数反演的输入变量为三参数模型：

$$\boldsymbol{X} = [\delta, \Delta M, \rho]^{\mathrm{T}} \tag{4.9}$$

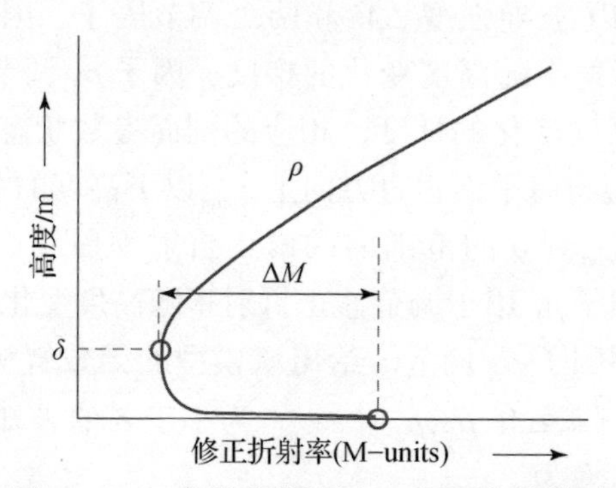

图 4-2　三参数蒸发波导 *M* 剖面参数模型

该三参数剖面模型是在四参数模型基础上改进而得到，适用于热中性气象条件。在 $z \leqslant \delta$ 高度范围内的修正折射率的计算公式为

$$M(z) = M_0 + 0.125\beta z - 0.125\beta\delta\ln[(z + z_0)/z_0] \tag{4.10}$$

式中：β 为辅助参量。在给定 δ 和 ΔM 和 ρ 的条件下，$z = \delta$ 处的修正折射率满足

$$M_0 - \Delta M = M_0 + 0.125\beta\delta - 0.125\beta\delta\ln[(\delta + z_0)/z_0] \tag{4.11}$$

由此可以解出

$$\beta = \Delta M / [-0.125\delta + 0.125\delta\ln[(\delta + z_0)/z_0]] \tag{4.12}$$

$z \geqslant \delta$ 的高度范围内的修正折射率为

$$M(z) = M_0 + M^{\mathrm{offset}} + 0.125\rho\delta\ln[(z + z_0)/z_0] \tag{4.13}$$

为使式（4.13）和式（4.10）计算所得的 $z = \delta$ 处的修正折射率相等，须满足如下的关系式：

$$M^{\mathrm{offset}} = 0.125(\beta - \rho)\delta - 0.125(\beta - \rho)\delta\ln[(\delta + z_0)/z_0] \tag{4.14}$$

为了提高对蒸发波导剖面参数的反演，本书对修正折射率剖面的三参数的敏感性进行验证。

通过图4－3可以看出，三个参数对剖面的形状均有明显地影响。为了进一步验证三个参数模型对实际雷达传播损耗的影响，雷达系统参数设置如下：雷达频率10GHz，海面风速10m/s，天线高度13m，波束宽度0.7°，水平极化。

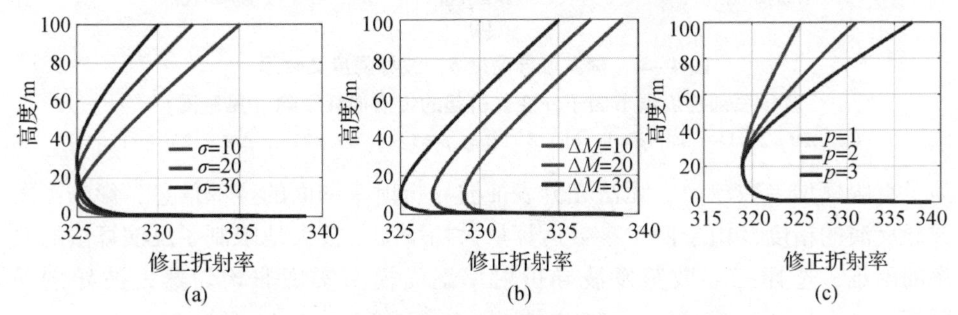

图4－3　三个参数蒸发波导模型根据δ和ΔM和ρ

在不同参数对蒸发波导剖面模型中各参数对剖面的影响情况（见彩图）

（a）$\rho=1.2$，$\Delta M=12$；（b）$\rho=1.2$，$\delta=20$；（c）$\Delta M=12$，$\delta=20$。

三个参数对传播损耗的影响如图4－4所示，从图中可以看出，三个参数微小的变化都能够引起传播损耗空间分布的明显改变，蒸发波导高度（δ）的变化主要影响波导陷获层的传播损耗；修正折射率剖面梯度调节因子的变化影响传播损耗分布，尤其是在波导顶部有可能出现雷达空洞的位置；波导强度影响整个空间中的传播损耗的厚度，波导强度越大，影响越大。基于以上分析，

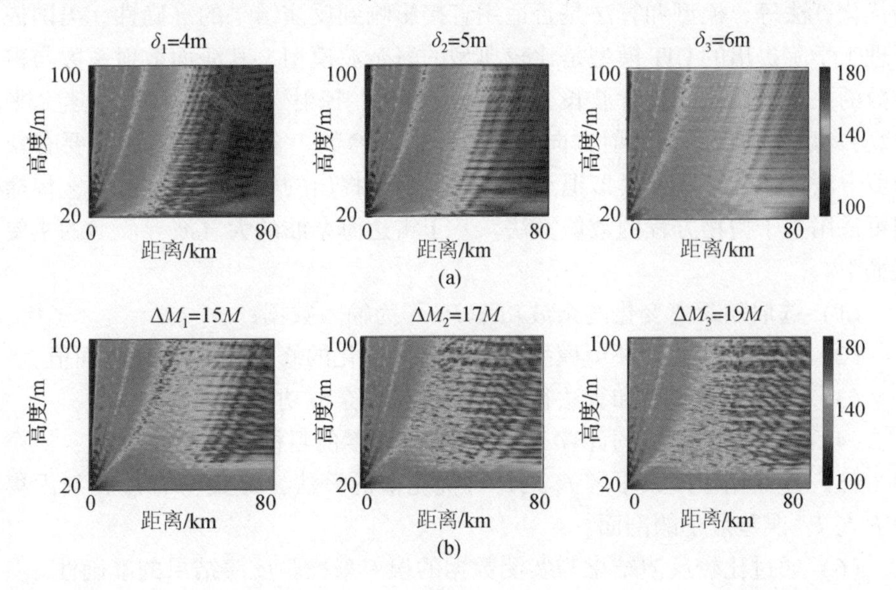

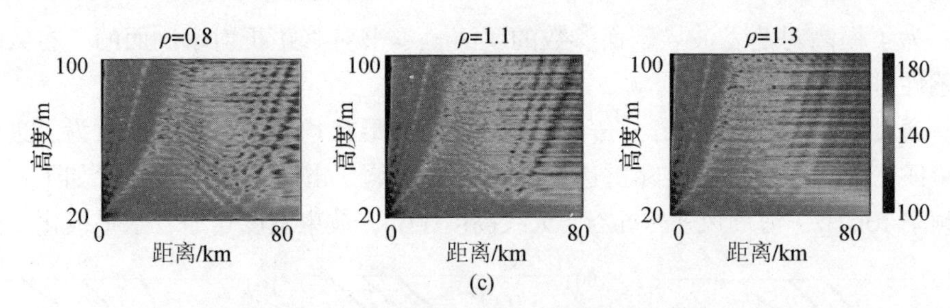

(c)

图 4-4 蒸发波导高度 δ、波导强度 ΔM 及波导顶部梯度调节因子 ρ 变化引起的传播损耗影响（见彩图）

(a) $\Delta M = 15$M-units, $\rho = 1$; (b) $\delta = 20$m, $\rho = 1$; (c) $\delta = 22$m, $\Delta M = 12$M-units

为了克服模型参数单一，无法充分表征波导折射率剖面的全部信息，影响蒸发波导反演的精度及由于四个参数运算量大幅增加，极大地限制了反演算法的效率的困难，选择三参数蒸发波导折射率剖面模型实现非均匀蒸发波导剖面反演。

4.3 雷达海杂波反演大气波导基本过程

利用雷达海杂波反演大气波导剖面的过程是一个正演加反演的过程，正演过程就是通过环境参数仿真计算海杂波功率，反演过程则是将全局优化选择与杂波测量数据符合最好的一组环境参数作为最后的反演结果。该方法涉及的主要问题是如何有效地选择海杂波模型、大气波导环境模型、传播算法模型和全局优化算法等，模型和算法是否适用直接影响到反演结果的准确性。美国佐治亚理工学院提出的 GIT 模型是比较典型的海杂波模型，其海面散射系数与雷达参数的关系表达式中包含波长（频率）、极化、掠射（擦地）角、风速（平均浪高）、风向与雷达波发射方向的夹角等主要参数。全局优化方法主要有蒙特卡罗方法、遗传算法、模拟退火方法以及最新提出的深度学习方法等，传播模型可采用基于抛物方程的数值算法。基于雷达海杂波的大气波导反演的主要步骤如下。

（1）选取随距离变化的杂波功率 P^* 作为输入数据；

（2）利用大气波导环境模型得到随高度变化的修正折射率 M 剖面值；

（3）基于传播模型和算法得到正向模拟的杂波功率 P；

（4）选定一个合适的计算 P 与 P^* 符合程度的目标函数 $f(P,P^*)$；

（5）建立用于搜索求解 $f(P,P^*)$ 优化值的算法，寻找所有计算剖面集合中 P 与 P^* 误差最小的剖面；

（6）通过比较反演结果与实测数据的误差来检验反演结果的准确性。

4.4　基于一维残差卷积自动编码器的水平非均匀大气波导降维

4.4.1　降维网络架构设计

为了实现对水平非均匀性大气波导剖面降维，本书采用一维残差扩张因果卷积网络 1D - RDCAE 网络进行非均匀大气波导降维。如图 4 - 5 所示，首先，本书使用高维剖面参数作为输入构建 1D - RDCAE 网络。通过卷积和池化层来实现高维空间到低维特征层的最优映射，从而获得自由度较少的参数矩阵。其次，使用解码器网络进行反卷积和上采样，使大气波导在距离方向上的参数保持一致。再次，在编码器和解码器网络中嵌入残差学习模块，以实现非均匀大气波导距离方向的特征学习。1D - RDCAE 网络的学习包括两个阶段：编码器网络和解码器网络。在编码阶段，采用卷积（Conv1，Conv2，…，Conv4）和池化层（pooling1，pooling2，…，pooling4）将非均匀大气波导 M 剖面参数编码为低自由度参数矩阵。在解码阶段，利用反卷积（DeConv1，DeConv2，…，DeConv4）和上样本层（Upsample1，Upsample2，…，Upsample4）重构非均匀大气波导的 M 剖面。同时，将残差块（BottleNeck1，BottleNeck2）学习机制纳入网络中，提高网络的梯度传导，从而控制重构误差，提高网络提取特征的能力。具体步骤如下。

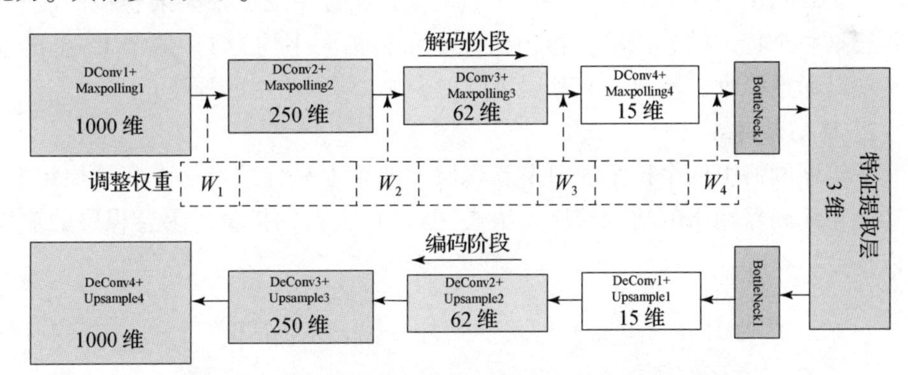

图 4 - 5　一维残差扩张因果卷积自动编码器网络架构

1. 编码器网络

该编码器网络由四个一维扩张的因果卷积层、四个一维池化层和一个瓶颈层组成。图 4 - 6 所示为编码器和解码器网络的详细结构；对于第 i^{th}扩张的因果卷积层，将 $\boldsymbol{x}_n \in \boldsymbol{R}^d$ 上核大小 h 的扩张因果卷积操作 DConv1d 定义为

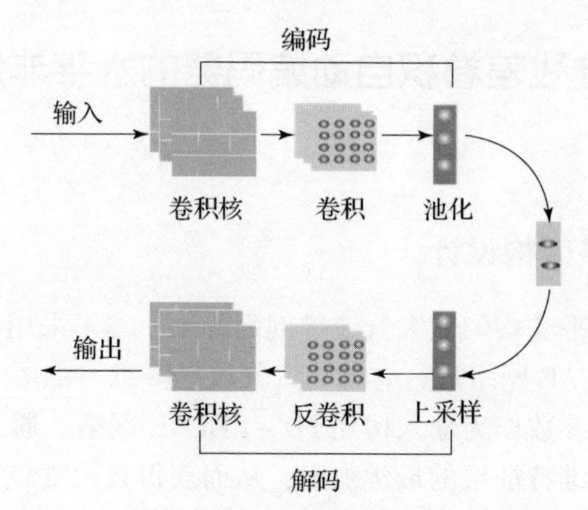

图 4-6　一维卷积残差网络的编码和解码网络

$$\mathrm{DConv1d}(\boldsymbol{x}_n)=\begin{bmatrix}\boldsymbol{x}_n\\ \boldsymbol{x}_{n-i}\\ \vdots\\ \boldsymbol{x}_{n-(h-1)\times i}\end{bmatrix}\boldsymbol{W}^{d\times d_{\mathrm{out}}} \tag{4.15}$$

式中：一维池化层降低了输入数据的维度。对于第（$n+1$）层的特征，池化后的输出定义为

$$\boldsymbol{x}_{n+1}=\mathrm{MaxPool}(\mathrm{ReLU}(\mathrm{DConv1d}(\boldsymbol{x}_n))) \tag{4.16}$$

式中：DConv1d(·)为具有 ReLU(·)激活函数的一维扩张因果卷积滤波器。瓶颈层是一个特定的卷积层，卷积核大小和步幅大小均为 1。这个 1×1 的卷积实现对通道降维。因此，瓶颈层可以减少 FC 层网络中的神经元。

2. 解码器网络

解码器网络由四个扩张的因果卷积层、四个上采样层和一个瓶颈层组成，其功能与编码器网络的功能相反。从式（4.9）去重构扩张因果卷积层的输出可以推导出

$$\mathrm{DeDconv1d}(\boldsymbol{x}_n)=[x_n,x_{n-j},\cdots,x_{n-(h-1)\times j}]^{\mathrm{T}}\bar{\boldsymbol{W}}^{d\times d_{\mathrm{out}}} \tag{4.17}$$

式中：$\bar{\boldsymbol{W}}^{d\times d_{\mathrm{out}}}$为因果卷积核；$d_{\mathrm{out}}$为输出维度；$j$为膨胀因子。

一维上采样层降低了输入数据的维度。对于第（$n+1$）层的特征，池化后的输出定义为

$$\boldsymbol{x}_{n+1}=\mathrm{Upsample}(\mathrm{ReLU}(\mathrm{DeDconv1d}(\boldsymbol{x}_n))) \tag{4.18}$$

式中：DeDconv1d(·)为具有 ReLU(·)激活函数的一维扩张因果卷积滤波器。

添加一个步幅为 2 的上采样层，然后堆叠一层后将 x 下采样到它的模块中，并为下面的注意力模块提供一个集中的特征数据。

3. 残差模块

残差块模块通过跳跃连接传递数据特征。对于图 4－5 中的残差模块，上采样层 2（Upsample2）的输入为

$$\boldsymbol{X}_{u2} = D^1(\boldsymbol{X}d_1) + p^3(\boldsymbol{X}p_3) = D^1(U^1(\boldsymbol{X}_{u1})) + p^3(C^3(\boldsymbol{X})) \tag{4.19}$$

式中：D^1 为反扩张因果卷积层 1；p^3 为池化层 3；U^1 为上采样层 1；C^3 为扩张因果卷积层 3；X 为池化层 3 的输入数据。

上采样层 2 的输出为

$$y_{u2} = U^2(\boldsymbol{X}_{u2}) \tag{4.20}$$

式中：U^2 为上采样层 2；y_{u2}为上采样层 2 的输出。

$$\boldsymbol{X}_{u3} = D^2(\boldsymbol{X}_{d2}) = D^2(\boldsymbol{y}_{u2}) \tag{4.21}$$

式中：D^2 为 Deconv 2 层；$\boldsymbol{X}_{d2}$为 Deconv 2 的输入；$\boldsymbol{X}_{u3}$为上采样层 3 的输入数据。

重构数据的误差运用 MAE，RMSE 以及 R^2 来进行计算：

$$\text{RMSE} = \sqrt{\sum_{i=1}^{n}(g(h(x)) - x)^2/n} \tag{4.22}$$

$$\text{MAE} = \frac{1}{n}\sum_{i=1}^{n}|g(h(x)) - x| \tag{4.23}$$

$$R^2 = 1 - \left[\left(\sum_{i=1}^{n}[x - g(h(x))]^2/n\right)\Big/\left(\sum_{i=1}^{n}[\bar{x} - g(h(x))]^2/n\right]\right. \tag{4.24}$$

式中：x 为初始网络状态观测矩阵输入数据；$g(h(x))$为重构数据，与初始输入数据具有相同的维度；n 为样本总数。

生成波导高度、波导厚度和波导顶部修正折射率调节因子的重构矩阵。训练网络旨在最小化反向传播到隐藏层的误差，使降维后的数据更接近原始波导 M 剖面参数。

4. 网络结构参数

1D－RDCAE 的网络结构和参数设置如表 4－1 所示。四个扩张因果卷积层和一个瓶颈层将 1000 维水平方向的 M 剖面参数降低为 3 个自由度。同时，一个瓶颈层、四个反扩张因果卷积层和一个全连接层重建了非均匀大气波导 M 剖面。

表 4 – 1 1D – RDCAE 模型架构

参数	值
卷积层 1	卷积核尺寸 = 2，过滤器尺 = 128
最大池化层 1、2、3、4	步长 = 4，池化尺寸 = 4
卷积层 2	卷积核尺寸 = 2，过滤器尺寸 = 64
卷积层 3	步长 = 2，过滤器尺寸 = 16
卷积层 4	步长 = 2，过滤器尺寸 = 8
瓶颈层 1、2	步长 = 2，过滤器尺寸 = 8
反卷积层 1	步长 = 2，过滤器尺寸 = 8
上采样 1、2、3、4	步长 = 4，池化尺寸 = 4
反卷积层 2	步长 = 2，过滤器尺寸 = 16
反卷积层 3	步长 = 2，过滤器尺寸 = 64
反卷积层 4	步长 = 2，过滤器尺寸 = 128
全连接层	1000 个单元

4.4.2 网络性能分析

一维残差扩张因果卷积自编码器网络的参数如表 4 – 2 所示。输入 1 ~ 100km 的 5000 组非均匀蒸发波导剖面参数。输出是由低自由度蒸发波导 M 剖面参数组成的 5000 × 3 × 3 矩阵。四层卷积层和一层瓶颈层将 1000 维水平距离方向的非均匀蒸发波导 M 剖面参数分别降低到 3 个维度。与此同时，一个瓶颈层、四个反卷积层和一个全连接层重构了蒸发波导在水平距离方向上的 M 剖面参数。模型训练时，选择 ReLU 作为激活函数，优化器选择 Adam。

表 4 – 2 雷达参数

参数	值	参数	值
雷达发射频率/GHz	2.84	功率/dBm	91.40
天线增益/dB	52.80	极化方式	VV
天线高度/m	30.78	天线仰角/(°)	0.0
波束宽度/rad	0.39	距离分辨率/m	600

实验中使用的计算机系统是标准 Windows Server 2016 和两个名为 tesla 的 GPU。

图4－7所示为1D－RDCAE模型在测试和训练阶段中的模型训练效果。随着训练次数的增加，RMSE 结果持续收敛。R^2 损失函数被用来表示回归所描述的变量的数量。如果该值为1，则该模型可以完美地预测目标变量的值。如图4－7（b）所示，随着迭代次数的增加，该模型收敛于1。

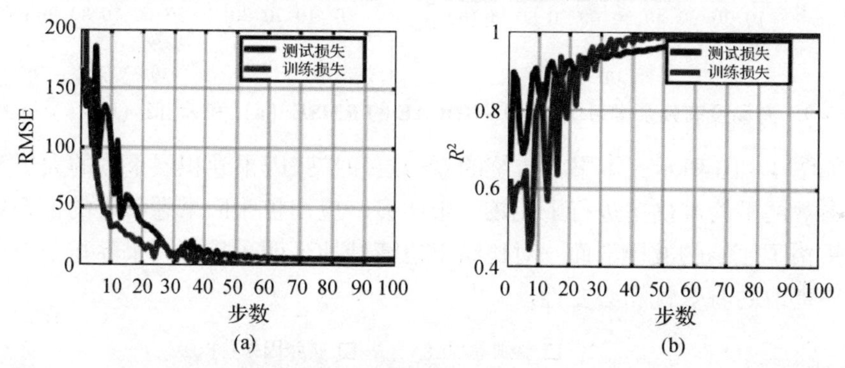

图4－7　1D－RDCAE 的测试和训练结果 RMSE（a）和 R^2 值（b）（见彩图）

在模型训练过程中，数据集的合理划分将对模型训练产生重要影响。训练/测试集的划分应尽可能与原始数据保持一致，以避免数据划分的不合理带来结果偏差。如图4－8所示，本章比较了模型训练/测试集划分比例为60：40、75：25和80：20的RMSE值的收敛情况。这些结果表明，80：20的训练/测试比值比其他两个比值的收敛速度更快、更准确。因此，本书的训练和测试数据集划分比例为80：20。

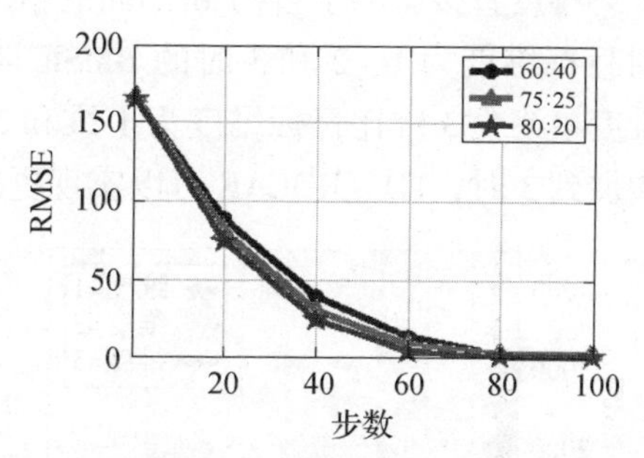

图4－8　当训练和测试比率分别为60：40、75：25和80：20时，1D－RDCAE的RMSE值（见彩图）

残差学习模块在1D－RDCAE网络中起着至关重要的作用。如图4－9所示，当迭代步数增加时，有残差学习模块的模型收敛速度更快，而没有残差学习块的模型表现出明显的振荡，模型收敛速度较慢。

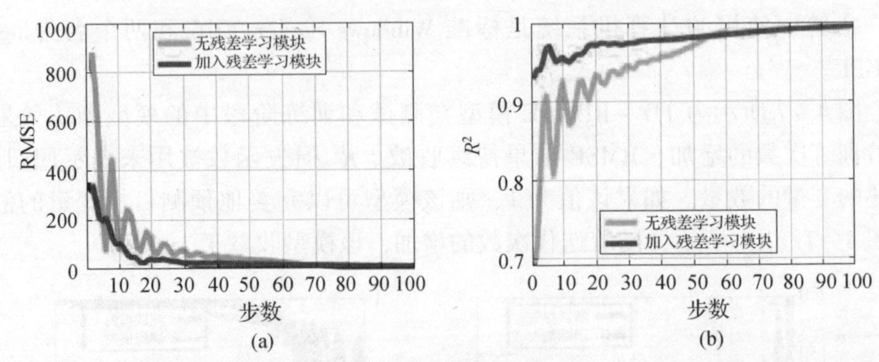

图 4-9　有和没有残余学习块的 1D-RDCAE 的 RMSE（a）和 R^2 值（b）（见彩图）

如图 4-10 所示，本书将传统的卷积层和扩张因果卷积层重构的大气波导剖面参数的平均准确率进行了比较。很明显，应用扩张因果卷积层的模型更准确地重构了原始的波导剖面。对比结果也清楚地证明了扩张因果卷积层对非均匀波导提取的有效性和必要性。

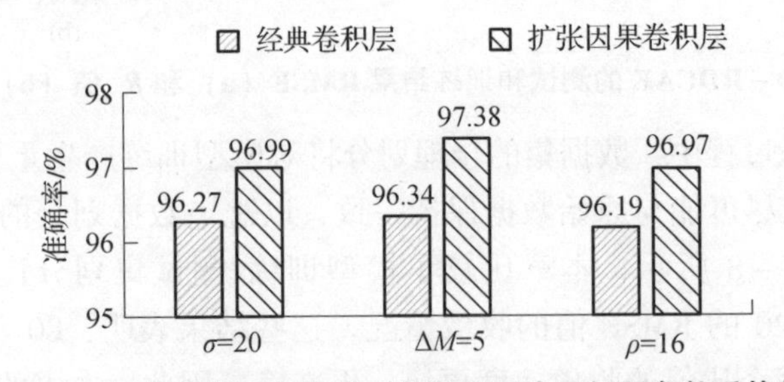

图 4-10　经典卷积层和扩展因果卷积层波导剖面参数重构精度

模型提取特征的最终维度直接影响了重构 M 剖面的精度。如图 4-11 所示，本书将目标维度分别对目标维度为 1、2 和 3 时的 RMSE 训练结果进行了比较。这些结果表明，目标维度最终为 3 维比目标维度为 1 维和 2 维的收敛速度更快。这说明当目标维度数增加到 3 时，1D-RDCAE 可以实现更准确的数据重构。

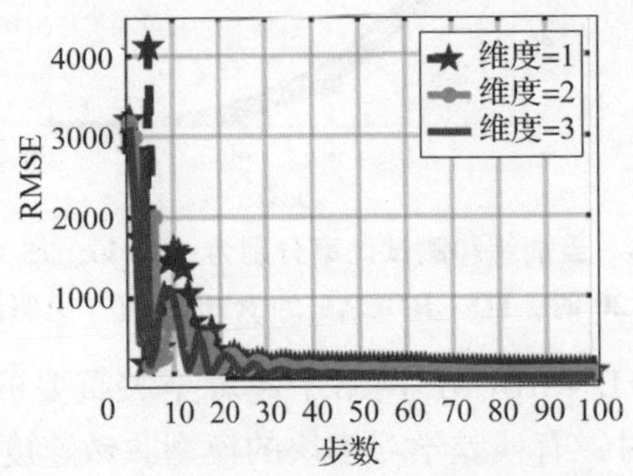

图 4-11　当目标维度为 1、2 和 3 时 1D-RDCAE 网络的 RMSE 收敛情况（见彩图）

本书验证了不同目标维度下的模型重构数据预测的均方根误差。如图 4-12 所示，当目标维度（dim）设置为 1 时，虽然 PCA、堆栈自动编码器和一维卷积自动编码器实现了数据的降维，但是重构数据的性能较差。只有 1D-RCAE 网络实现了与原始数据的匹配。当目标维度设置为 2 时，PCA 降维后的数据没有太大变化。相反，堆栈自动编码器、一维卷积自动编码器和一维残差卷积自动编码器均方根误差逐渐减小，并且重建数据与原始数据吻合较好。当目标维度从 2 增加到 3 时，PCA 重构数据仍然没有发生很大变化，相比之下，堆栈自动编码器、一维卷积自动编码器和一维残差卷积自动编码器的重构能力表现能力较好，因此，一维残差卷积自动编码器比一维卷积自动编码器更准确地匹配原始数据。

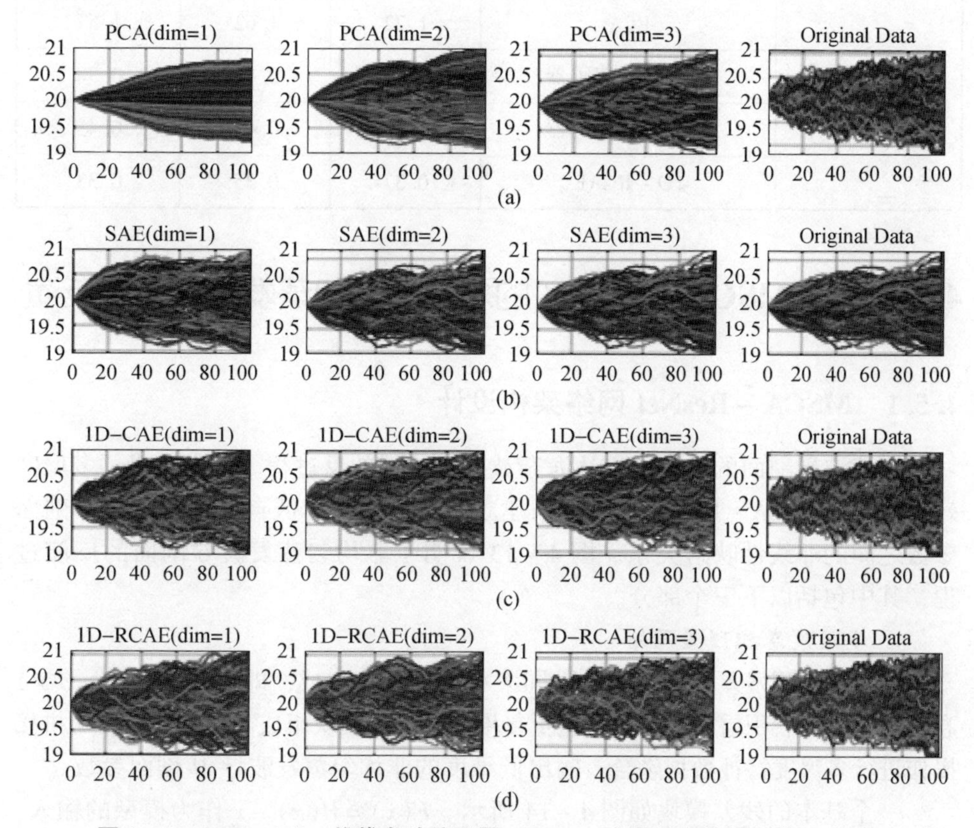

图 4-12　PCA（a）、堆栈自动编码器（b）、一维卷积自动编码器（c）和一维残差卷积自动编码器（d）的目标维度对重构数据的影响（见彩图）

如表 4-3 所示，比较了不同维度下模型预测的准确性。对于 PCA 模型，当目标维数增加时，RMSE 并没有显著下降。由于 PCA 模型只是丢弃了一些特征信息，并没有考虑与结果参数相关的任何信息，可能丧失大部分重要特征，因此并不适合对于高维度的非均匀大气波导剖面的降维。对于堆栈自动编码器模型，随着目标维度的增加，均方根误差 RMSE 先下降后趋于平稳。尽管通过增加维度能够提高模型的准确性，但对于维度较高的非均匀蒸发波导剖面降维，仍需要进行网络参数优化。对于一维卷积自动编码器和一维残差卷积自动编码器，当目标维度增加时，两种模型的结果都表现出较好的精度，但一维残差卷积自动编码器比堆栈自动编码器和一维卷积自动编码器更接近原始数据并且在训练的过程中收敛速度更快。

表 4-3　四种模型均方根误差对比

参数	目标维度	1	2	3
$\delta=20$m	PCA	1.72	1.62	1.57
	堆栈自动编码器	0.62	0.42	0.38
	一维自动编码器	0.59	0.45	0.42
	1D-RCAE	0.37	0.35	0.33

4.5　基于 MSCA-ResNet 的水平非均匀蒸发波导剖面反演

4.5.1　MSCA-ResNet 网络架构设计

蒸发波导剖面的反演是雷达海杂波前向传播的反过程。本书构建了多尺度残差网络（MSCA-ResNet）模型来建立海杂波功率与低自由度蒸发波导剖面参数之间的非线性映射关系。图 4-13 说明了非均匀蒸发波导剖面的反演过程，其中包括以下三个部分。

1. *多尺度卷积残差网络*

多尺度卷积残差网络架构由不同大小的卷积核组成，即 3×1、5×1、7×1 卷积核对应的卷积层，每层由 3 组重复堆叠的残块模块组成。在输出层采用拼接操作进行多尺度特征数据融合，输出低维度的非均匀蒸发波导 M 剖面参数。

一个基本的残差模块如图 4-14 所示。$F(x)=H(x)-x$ 作为模型的输入，残差映射可以通过快捷连接来实现，即前一层的输入通过跨越多个网络层来进行连接。快捷链接仅执行一个标识映射，并将其输出添加到残差块中。该计算结果可以表示为 $y=F(\{W\_i\})+x$，式中 x 和 y 分别为残差模块的输入和输出；$F(\{W\_i\})$ 为残差学习映射。

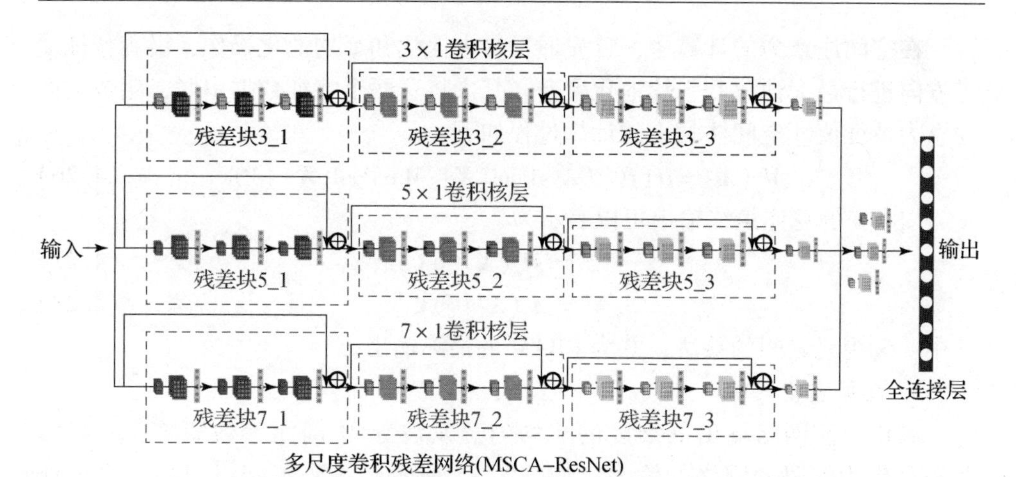

图 4-13　多尺度残差网络实现非均匀蒸发波导剖面反演

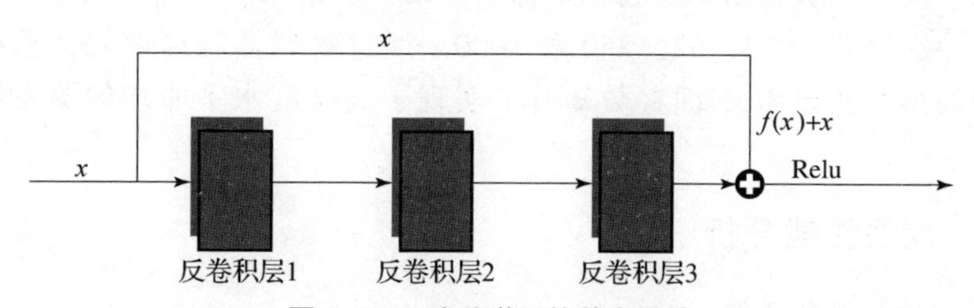

图 4-14　残差学习的基本模块

2. 卷积注意力机制

深度学习中的注意机制是基于定向焦点的概念，在处理数据时更加关注某些因素。利用轻量级 CBAM 机制嵌入残差模块末端。如图 4-15 所示，CBAM 机制包括两个部分：通道注意力模块和空间注意力模块。通道注意力模块首先压缩输入特征数据，其次使用平均池化和最大池化生成不同的空间输出，将两个输出传递给共享网络，最后进行元素加法生成通道注意力特征值。$\boldsymbol{X} \in \boldsymbol{R}^{H \times W \times C}$通道注意力模块所涉及的计算公式如下：

$$M_{\mathrm{c}}(\boldsymbol{X}) = \sigma(\mathrm{MLP}(\mathrm{AvgPool}(\boldsymbol{X})) + \mathrm{MLP}(\mathrm{MaxPool}(\boldsymbol{X}))) \tag{4.25}$$

式中：$\sigma(\mathrm{MLP}(\cdot))$为一个 S 型函数，表示共享的多层感知器。

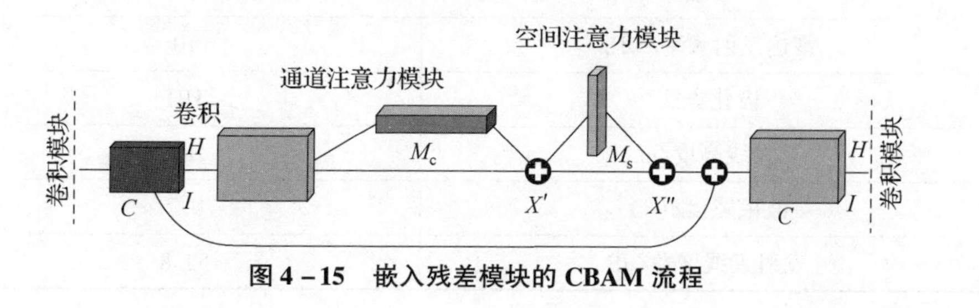

图 4-15　嵌入残差模块的 CBAM 流程

在空间注意力的计算中，首先通过最大池化和平均池化操作，沿着特征通道方向进行最大池化和平均池化聚合。其次将这两个特征数据串联，生成空间注意力特征值。空间注意力的计算过程如下：

$$M_s(\boldsymbol{X}) = \sigma(f([(\text{AvgPool}(\boldsymbol{X});\text{MaxPool}(\boldsymbol{X})])) \tag{4.26}$$

CBAM 的总体最终输出可以表示为

$$\boldsymbol{X}' = M_c(\boldsymbol{X}) \otimes \boldsymbol{X} \tag{4.27}$$

$$\boldsymbol{X}'' = M_s(\boldsymbol{X}'') \otimes \boldsymbol{X}' \tag{4.28}$$

式中：$\otimes$为元素间的乘法，并为 CBAM 的最终输出。

3. 数据重构网络

利用反演网络输出低维度的非均匀蒸发波导 M 剖面参数矩阵，并将参数矩阵作为解码器网络的输入。如图 4－5 所示，解码器网络包括一个瓶颈层、四个反卷积层和四个反卷积采样层。第一、第二、第三和第四反卷积层的大小分别设置为 12、62、250 和 1000。通过解码器网络解码，重构了水平非均匀蒸发波导 M 剖面参数矩阵，实现了高维度水平非均匀蒸发波导剖面反演。

4.5.2 网络性能分析

1. 训练数据集介绍

由于 2000 组训练样本已涵盖了蒸发波导 M 剖面参数的大部分可能变化[10]，本书运用马尔可夫链生成 2000 组 1～100km 非均匀蒸发波导参数矩阵，采样间隔点为 0.1km。通过计算得到对应的 2000 组海杂波功率数据，计算所用雷达参数如表 4－4 所示。其中，输入层是 2000×1000 的功率矩阵，即输入 2000 组 1～100km 处的海杂波功率数据；输出层为 $2000 \times 1000 \times 3$ 的蒸发波导剖面参数矩阵，即输出 2000 组 1～100km 处的蒸发波导剖面的 3 个参数矩阵；距离间隔为 0.1km。

表 4－4 雷达参数

参数	值
雷达发射频率/GHz	10
极化方式	HH
天线高度/m	13
波束宽度/(°)	0.7
发射天线增益/dB	52.8

2. 多尺度残差卷积网络反演非均匀蒸发波导

为了验证反演模型的有效性，首先将 DNN 与两种经典的反演模型进行比较。该模型的反演结果如表 4－5 所列，DNN 训练的时间和反演准确率方面都优于传统的 GA 算法和 PSO 算法。在相同的硬件条件下，DNN 反演模型反演所需的运行时间较少。相比之下，GA 算法和 PSO 算法的反演每次计算都接近 1min 甚至更长时间，并且反演的结果并不理想。

表 4－5　经典反演模型比较

模型	年	δ	ΔM	ρ	准确率/%	运行时间/s
GA[21]	2003	89.91	89.76	88.92	89.37	77.75
PSO[22]	2012	90.05	90.39	89.31	89.59	68.49
DNN[23]	2019	93.23	93.59	93.95	94.23	15.2

为了将本书提出的方法与最先进的 CNN 进行进一步比较，本书从五倍交叉验证方法、十倍交叉验证方法、模型参数、运行时间四个方面验证反演模型的有效性。对于经典卷积神经网络及其变体模型，本书采用官方的训练参数。同样，本书提出的 MSCA－ResNet 模型也以端到端的方式进行训练。本书将 epoch 设置为 100。

如表 4－6 所示，DNN 模型虽然与经典方法 GA 算法及 PSO 算法相比，可以获得相对较高的精度，但相比四种 CNN 变体模型，反演准确率不佳。不仅如此，在模拟数据集的交叉验证结果中，MSCA－ResNet 网络比最先进的 CNN 变体模型具有更短的模型运行时间和更轻量化模型参数。

表 4－6　深度学习模型的比较

模型	MAE ($K=5$)	MAE ($K=10$)	参数(M)	复杂度(G)	时间/s
DNN[23]	5.71	2.69	563.91	0.861	0.46
AlexNet[24]	2.45	1.82	480.57	0.871	0.43
VGGNet16[25]	2.35	1.81	148.82	0.969	1.15
GoogLenet[26]	2.32	1.77	22.77	12.501	4.26
ResNet50[27]	2.31	1.75	103.67	4.516	6.55
MobileNetV1[28]	2.29	1.73	12.35	0.327	0.24
SE－ResNet50[25]	2.23	1.71	27.05	3.603	4.88

续表

模型	MAE（K=5）	MAE（K=10）	参数(M)	复杂度(G)	时间/s
ResNeXt50[21]	2.21	1.69	98.66	4.627	5.12
ShuffleNetV1[29]	2.14	1.68	7.43	0.339	1.16
ResNest50[22]	2.09	1.67	27.05	5.339	6.18
CotNet50[30]	2.07	1.64	101.25	4.498	5.79
MS-ResNet	2.06	1.59	8.06	0.271	0.15
MS-ResNeXt50[26]	2.03	1.54	180.17	8.979	6.49
MSCA-ResNet（ours）	1.87	1.39	8.07	0.299	0.16

图4-16（a）对比了基于模拟数据集下的不同模型预测的准确率。基于MSCA-ResNet网络反演的蒸发波导剖面与海杂波功率结果与验证样本数据更加拟合，对于非均匀蒸发波导剖面的反演，准确率为96.98%。为了验证实测数据的反演效果，本书采用2007年夏天中国东南海域的一组实测的海杂波功率数据验证模型的有效性[9]。如图4-16（b）及表4-7所示，通过MSCA-ResNet模型预测的结果比最先进的VGGNet16、GoogLeNet和ResNet网络预测的结果更符合实际修正折射率剖面结构，并且反演实测蒸发波导剖面的准确率为91.25%，结果都优于目前最为先进的反演模型。

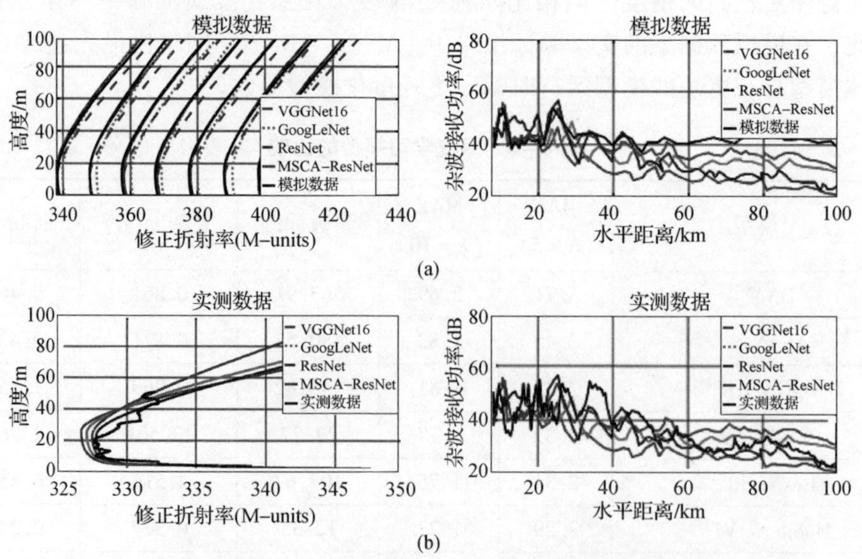

图4-16 蒸发波导剖面反演结果及海杂波功率预测结果对比（见彩图）

（a）基于模拟数据的反演结果对比；（b）基于实测数据的反演结果对比。

表 4-7　实测数据预测结果比较　　单位:%

准确率	VGGNet16	GoogLeNet	ResNet	MSCA - ResNet
δ	94.12	94.33	94.42	95.61
ΔM	94.01	94.12	94.13	95.26
ρ	93.83	94.11	94.49	95.42
杂波功率	82.31	82.99	85.19	86.94

4.6　基于 FCCT - Transformer 的水平非均匀表面波导反演

4.6.1　FCCT - Transformer 网络整体流程

已知表面波导修正折射率剖面分为有基础层的表面波导和无基础层的表面波导。其中，有基础层的表面波导（三折线表面波导）包括四个基本参数：基础层高度（Z_b），陷获层厚度（Z_{thick}），陷获层的修正折射率（M_d）和有基础层的 M 剖面的斜率（C_1）。没有基础层的二折线的表面波导的修正折射率 M 剖面包括两个基本的参数：基础层的高度 Z_b 和陷获层折射率 M_d。由于表面波导相比蒸发波导剖面的参数更复杂。本书提出了一种全耦合卷积 Transfomer 来建立海杂波与表面波导剖面参数之间的非线性映射关系。图 4-17 说明了整体网络架构，主要的网络结构分为如下两部分。

1. 输入表示

由于 Transformer 模型缺乏非均匀表面波导剖面反演的空间标签，因此，本书采用线性运算的方式将学习位置嵌入，以给出表面波导剖面的空间位置标签。与此同时，为了适应模型输入的维数，在编码器和解码器的开头应用了一个输入转换层。以长度为 L 的杂波功率 x^L 作为输入，以海杂波功率范围的全局长度戳记，输出表示后的特征维数为 d_{model}。首先，通过使用一个固定的位置嵌入来保留局部上下文信息：

$$\mathrm{PE}_{(\mathrm{POS},2k)} = \sin(\mathrm{pos}/(2S_x)^{2k/d_{\text{model}}}) \tag{4.29}$$

$$\mathrm{PE}_{(\mathrm{POS},2k+1)} = \cos(\mathrm{pos}/(2S_x)^{2k/d_{\text{model}}}) \tag{4.30}$$

式中：$k \in \{1,2,\cdots,[d_{\text{model}}/2]\}$。杂波功率的长度戳的范围采用了一个可以学习的戳嵌入 SE_{pos}。为了对齐维度，本书将标量上下文 x_i^L 投射到一维卷积滤波器（核宽度 =3，步幅 =1）d_{model} 维度的向量 $\boldsymbol{\omega}_i^L$ 中。因此，输入的向量为

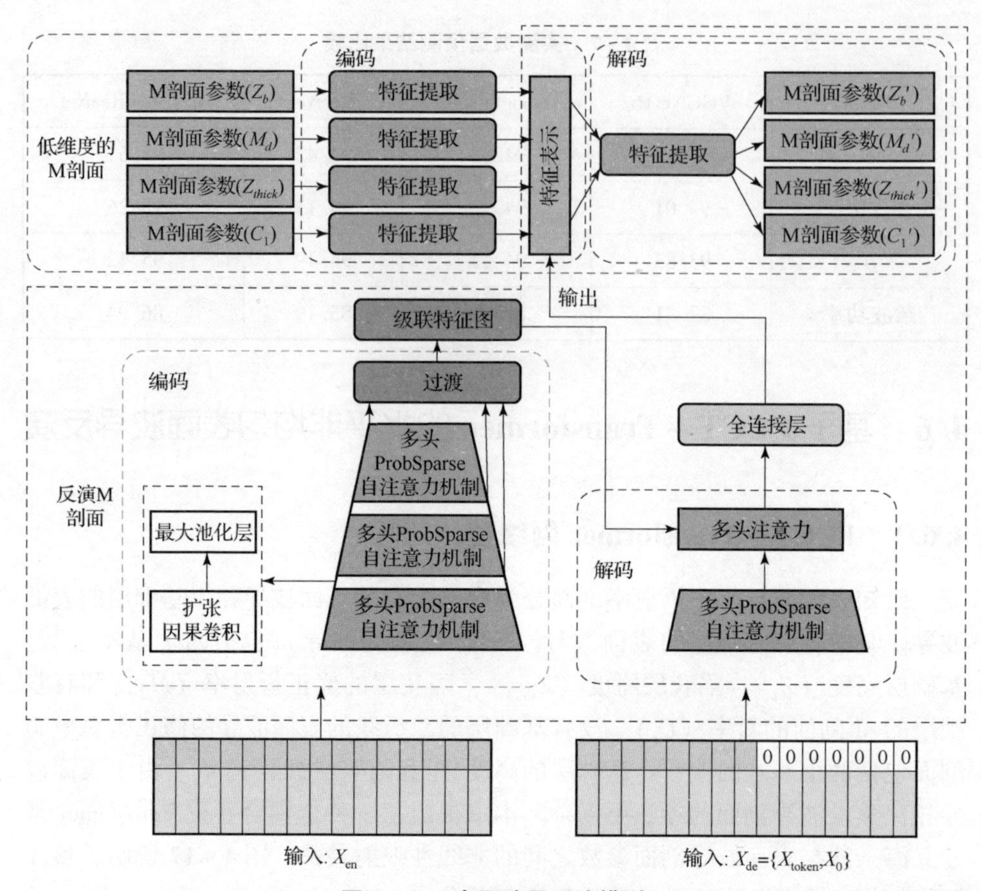

图 4-17　表面波导反演模型

$$x_{\text{feed}[i]}^{L} = \partial \boldsymbol{\omega}_i^L + \text{PE}_{(T_x \times (l-1)+i)} + \text{SE}_{(T_x \times (l-1)+i)} \tag{4.31}$$

式中：$i \in \{1, 2, \cdots, T_x\}$；∂为平衡标量投影和局部/全局嵌入之间大小的因素。

2. 多头注意力机制

图像和自然语言处理领域中的注意机制表示将注意力集中在图像中的某些单词或目标区域上。换句话说，注意机制是一种加权和机制，能对雷达海杂波功率不同的位置分配不同的权重，也就是说，给更重要的位置更大的权重。假设基于一组键值对($\boldsymbol{K}$, $\boldsymbol{V}$)和查询($\boldsymbol{Q}$)定义的规范注意力机制，其中键、值和查询的维数分别为 d_k、d_v 和 d_q。通过对比 $\boldsymbol{Q}$ 和 $\boldsymbol{K}$ 之间的相似性，将权重分配给 $\boldsymbol{V}$，输出可以描述为

$$\text{ATTN}(\boldsymbol{Q}, \boldsymbol{K}, \boldsymbol{V}) = f(\text{Similarity}(\boldsymbol{Q}, \boldsymbol{K}), \boldsymbol{V}) \tag{4.32}$$

Vaswani Transformer 执行点乘注意力机制如下：

$$\text{ATTN}(\boldsymbol{Q}, \boldsymbol{K}, \boldsymbol{V}) = \text{softmax}(\boldsymbol{Q}\boldsymbol{K}^{\text{T}} / \sqrt{d_k})\boldsymbol{V} \tag{4.33}$$

然而，遍历所有的 $M(q\_i, \boldsymbol{K})$ 需要计算每个点积对。与传统的 Transformer 自注意机制不同，ProbSparse 自注意力允许每个键在执行缩放点积时关注主要的查询信息。判断主要的查询的方法是通过查询-注意概率的散度和查询-键注意力的概率分布。具有较大概率分布值被认为更占优势。由于自注意力的长尾分布，典型自注意力只需要计算自注意力的 $O(\ln L\_Q)$ 点积，而不是计算 $O(L\_Q)$。通过计算概率稀疏自注意力矩阵，该模型可以同时关注来自多个子空间表示的不同特征。每个头的输出将被连接起来，然后进行一个线性变换操作。图 4-18 说明了多头注意力的工作步骤。算法 1 展示了 ProbSparse 多头注意力机制的伪代码。

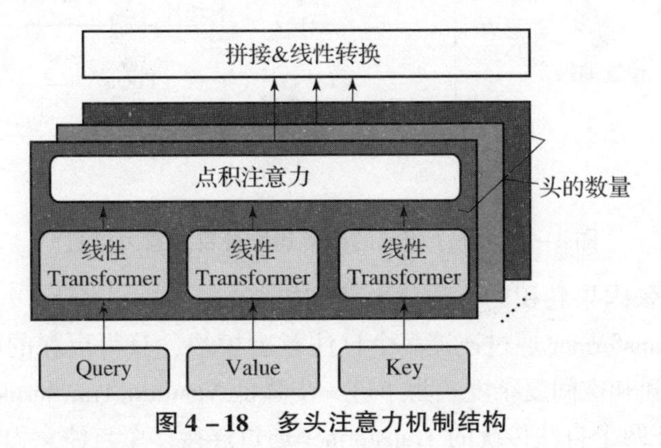

图 4-18　多头注意力机制结构

算法 1：ProbSparse 多头注意力机制伪代码
输入需求：$\boldsymbol{Q} \in \boldsymbol{R}^{m \times d}, \boldsymbol{k} \in \boldsymbol{R}^{m \times d}, \boldsymbol{V} \in \boldsymbol{R}^{n \times d}$ 输出：$\boldsymbol{O}_{\mathrm{attn}}$ 超参数：$c, u = c\ln m, U = m\ln n, h$：注意力头的数量 1. 从 $\boldsymbol{K}$ 中随机选择 U 个点积对作为 $\bar{\boldsymbol{K}}$ 2. 设置样本分数 $\bar{\boldsymbol{S}} = \boldsymbol{Q}\bar{\boldsymbol{K}}^{\mathrm{T}}$ 3. 逐行计算 $M = \max(\bar{\boldsymbol{S}}) - \mathrm{mean}(\bar{\boldsymbol{S}})$ 4. 将 M 以下 TOP $-u$ 作为 $\bar{\boldsymbol{Q}}$ 5. 设置 $S_1 = \mathrm{softmax}(\bar{\boldsymbol{Q}}\boldsymbol{K}^{\mathrm{T}}/\sqrt{d}) \cdot \boldsymbol{V}$ 6. 设置 $S_0 = \mathrm{mean}(V)$ 7. 从最初行设置 $\mathrm{attn} = \{S_1, S_0\}$ 8. $\boldsymbol{O}_{\mathrm{attn}} = \boldsymbol{W} \cdot \mathrm{concat}(\mathrm{attn}_1 + \mathrm{attn}_2 + \cdots + \mathrm{attn}_h)$ 9. 返回 $\boldsymbol{O}_{\mathrm{attn}}$

(1) 编码器结构。

为了更清楚地说明编码器的网络结构，图 4 – 19 给出了一个编码器具体的结构。

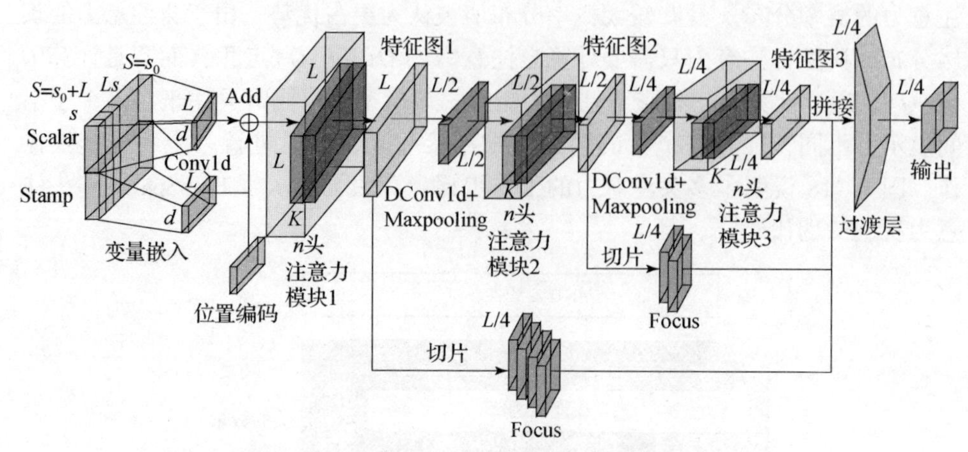

图 4 – 19　单个模块的编码器堆叠自注意力机制

①带有扩张因果卷积的自注意力蒸馏机制。

传统的 Transformer 通过连接多个自注意力模块，获得更深的特征图，但会带来更多的时间和空间复杂度。为了进一步降低 Vaswani Transformer 模型的复杂性，Informer 在两个自注传统的 Transformer 通过连接多个自注意力模块，获得更深的特征图，但会带来更多的时间和空间复杂度。为了进一步降低 Vaswani Transformer 模型的复杂性，Informer 在两个自注意力模块之间采用了卷积层和最大池化层来修剪输入长度。然而，当经典的卷积层应用于表面波导 M 剖面反演时，经典卷积神经网络只能随着深度网络的增长而回顾线性尺寸历史。因此，仅处理长序列的杂波功率是不够的。此外，经典的卷积网络层没有考虑长距离的杂波功率，这将不可避免地导致长距离范围序列反演时的信息泄露。为了解决以上问题，本书使用扩张因果卷积来代替传统的卷积网络。对于第 j 个注意力模块之后的第 j 个卷积层，扩张因果卷积运算 DConv1d 定义为

$$\mathrm{DConv1d}(\boldsymbol{x}_n) = \begin{bmatrix} \boldsymbol{x}_n \\ \cdots \\ \boldsymbol{x}_{n-(h-1)\times k} \end{bmatrix} \boldsymbol{W}^{m \times m_{\mathrm{out}}} \tag{4.34}$$

式中：m_{out} 为输出维度；k 为膨胀因子，当 $k=1$ 时，扩张的因果卷积退化为经典的因果卷积。

如图 4 – 20 所示，扩张因果卷积使用了放置在前端的填充模块，以防信息泄露。受益于扩展因果卷积网络的结构，本书提出网络的“自注意提取”过

程从第 n 层到第 $(n+1)$ 层表示如下：

$$\boldsymbol{x}_{n+1} = \mathrm{MaxPool}(\mathrm{ReLU}(\mathrm{DConv1d}(\boldsymbol{x}_n))) \tag{4.35}$$

式中：DConv1d(·)为具有 ReLU 激活函数的一维卷积滤波器（卷积核大小 =3）。添加一个跨步为 2 的最大池化层，然后在叠加一层后将 x 降采样到它的另一半中，为下面的注意力模块提供一个更少且更聚焦的特征数据。

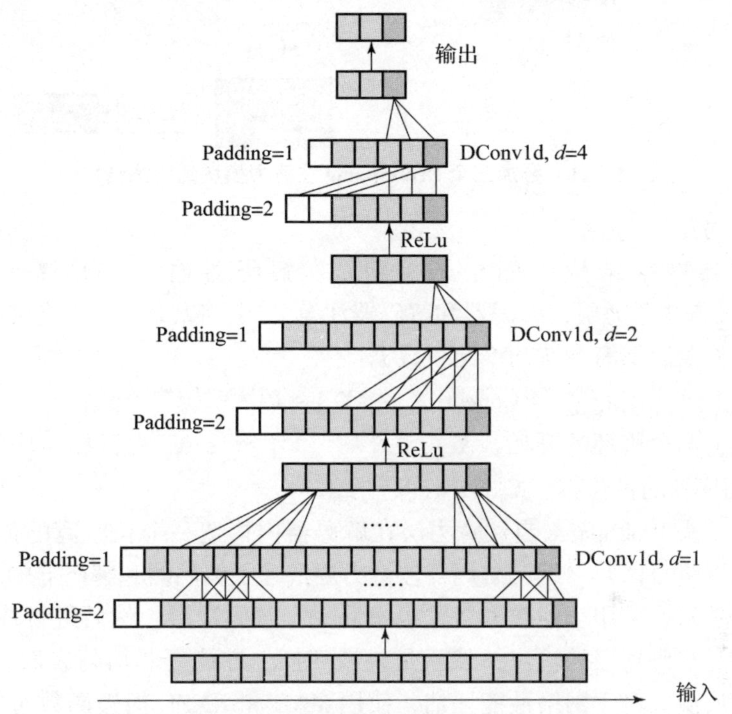

图 4－20　自注意力机制网络模块将两个自注意力模块与扩张因果卷积层和最大池化层相连

②Focus 机制。

Focus 机制由 YoloV5 目标检测卷积神经网络提出，即从原有的网络中提取特征数据，并与最终的特征数据连接起来，在不影响模型参数的情况下获得更细粒度的杂波功率。如图 4－21 所示，为了对全局和局部尺度的表面波导 M 剖面进行反演，采用 Focus 机制来获取不同尺度的海杂波功率数据的特征映射。假设一个具有 n 个自注意力模块的堆栈编码器，每个自注意块将产生一个杂波功率的特征映射。为了从更细粒度的角度整合所有不同的杂波功率特征数据，将 Q_{th}特征数据划分成长度为 2^{n-Q}特征数据。然后，运用$(2^{n-1})\times d$ 计算按维数连接所有的拼接特征映射。此外，采用一个过渡层来确保整个输出的全局特征数据具有适当的维数。

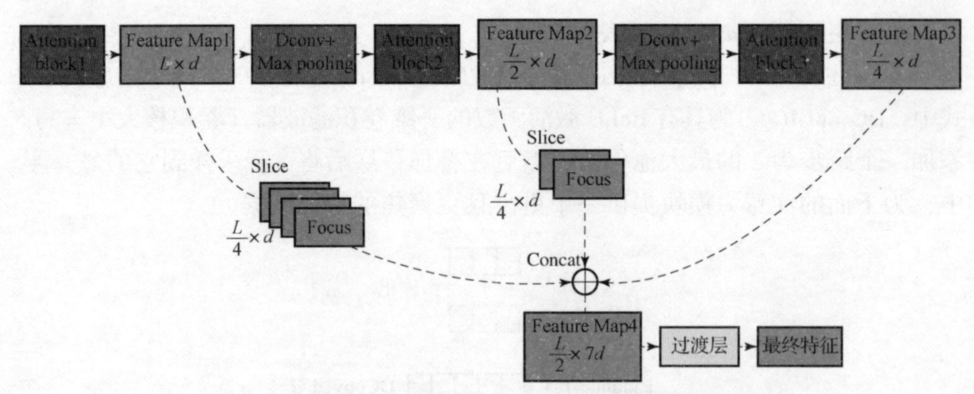

图 4-21　叠加三个 ProbSparse 注意力模块的网络结构

③编码器。

解码器网络结构由四个子层组成：解码器输入、MASK - Multi - ProbSparse 自注意力层、编码器和解码器注意力层，以及一个全连接层。为解码器网络提供以下海杂波功率向量数据：

$$\boldsymbol{X}_{\text{decoder}} = \text{Concat}(\boldsymbol{X}_{\text{token}}, \boldsymbol{X}_0) \in \boldsymbol{R}^{(L_{\text{token}} + L_y) \times d_{\text{model}}} \tag{4.36}$$

式中：$\boldsymbol{X}_{\text{token}}$ 为令牌环的开始，$\boldsymbol{X}_{\text{token}} \in \boldsymbol{R}^{(L_{\text{token}} + L_y) \times d_{\text{model}}}$；$\boldsymbol{X}_0$ 为目标非均匀表面波导 M 剖面序列的占位符，$\boldsymbol{X}_0 \in \boldsymbol{R}^{(L_y) \times d_{\text{model}}}$。

一个多头 ProbSparse 自注意力层在解码器内构造一个长距离的依赖位置，可以避免网络自回归。编码解码器注意力层搭建了编码器和解码器输入之间的长期依赖关系。采用全连接网络输出最后一个解码器层，然后进行线性变换。最后一个是解码器层的输出，然后是线性变换，最终是非均匀表面波导 M 剖面的参数反演。对于网络性能评估，使用 MAE 和 RMSE 损失函数对非均匀表面波导 M 剖面参数进行反演评价。

（2）解码器网络。

利用 FCCT 输出的低自由度的非均匀表面波导剖面参数矩阵作为 1D - RD-CAE 解码器网络的输入。解码器网络包括一个瓶颈层、四个反卷积层和四个上采样层。第一、第二、第三和第四层反卷积层的大小分别设置为 12、62、250 和 1000。根据解码器网络，重构全空间非均匀表面波导 M 剖面参数矩阵，实现高维度的表面波导剖面反演。

4.6.2　网络性能分析

1. FCCT 模型参数

表 4-8 给出了所提出的 FCCT 模型的参数。对于输入层，为了对齐维度，本书将输入数据嵌入一个带有一维卷积过滤器的 512 维的向量中（卷积核尺

寸 =3，步幅 =1）。对于 ProbSparse 自注意力模块，令 $d=32$，$n=8$，并添加残差连接，一个前馈网络层（内层维数为 256）和一个 dropout 层（$p=0.1$）。在每个 ProbSparse 自注意力模块之间，一个扩展的因果卷积层和一个最大池化层用于网络的连接。设置超参数 ELU($p=0.1$) 和 Dropout($p=0.1$)。本书在 Transformer 网络中采用了一个 Focus 层来合并不同的特征数据，本书设置卷积核尺寸 =3 和步幅 =1。

表 4-8　FCCT 模型参数

<table>
<tr><td>编码器:输入</td><td>1×3Conv1d</td><td>Embedding($d=128$)</td></tr>
<tr><td rowspan="4">ProbSparse
自注意力模块</td><td colspan="2">多头 ProbSparse 注意力($h=8,d=32$)</td></tr>
<tr><td colspan="2">归一化层,Dropout($p=0.1$)</td></tr>
<tr><td colspan="2">FFN(dinner=256),GELU</td></tr>
<tr><td colspan="2">Dropout($p=0.1$)</td></tr>
<tr><td rowspan="2">蒸馏机制</td><td colspan="2">1×3DeConv1d,BatchNorm1d,
ELU($p=0.1$),Dropout($p=0.1$)</td></tr>
<tr><td colspan="2">最大池化层(核尺寸=1,步幅=2,填充=1)</td></tr>
<tr><td>Focus 层</td><td colspan="2">1×3DeConv1d,BatchNorm1d,</td></tr>
<tr><td>解码器:输入</td><td>1×3Conv1d</td><td>Embedding($d=128$)</td></tr>
<tr><td>Masked 层</td><td colspan="2">在注意力模块上添加 Masked 层</td></tr>
<tr><td rowspan="4">ProbSparse
自注意力模块</td><td colspan="2">多头 ProbSparse 注意力($h=8,d=32$)</td></tr>
<tr><td colspan="2">增加层归一化,Dropout($p=0.1$)</td></tr>
<tr><td colspan="2">FFN(dinner=256),GELU</td></tr>
<tr><td colspan="2">增加层归一化,Dropout($p=0.1$)</td></tr>
<tr><td>输出</td><td colspan="2">全连接 & 数据重塑((4×(2000,3))</td></tr>
<tr><td>学习率</td><td colspan="2">0.0001</td></tr>
</table>

2. 反演结果比较

（1）模拟数据反演结果比较。

本书设计了三种训练策略来验证反演结果的有效性。首先，评估了 1D-RDCAE 模型的有效性，并使用均方根误差（RMSE）、平均绝对误差（MAE）和 R^2 误差（R^2）来比较对比模型的性能。其次，为了比较 FCCT 方法与最先进的基于 Transformer 模型的有效性，采用了5折和10折 MAE 交叉验证、模型参数、运行时间和计算复杂度，五个方面来验证反演模型的有效性。最后，为了验证提出的 FCCT 深度学习模型对于实测数据的有效性，本书利用美国 Wallops'98 实验测量的雷达海杂波功率数据来进行验证[9]。

本书首先将 DNN 与四种经典机器学习反演模型进行了比较。该模型的结果如表4-9所示。DNN 模型在任务的时间和最终精度方面都优于传统的 GA 算法、PSO 算法、SVM 算法、MLP 算法及 BPNN 算法。

表4-9　经典反演算法比较

模型	年份	Z_b	C_1	Z_{thick}	M_d	时间/s
GA[9]	2003	90.95	91.27	90.32	90.37	77.76
PSO[5]	2012	91.34	91.56	92.31	91.39	68.38
SVM[31]	2013	91.25	91.93	92.12	91.56	0.46
MLP[32]	2018	91.29	91.99	92.93	92.09	0.37
BPNN[18]	2020	93.92	92.32	93.96	94.03	0.34
DNN[19]	2022	94.59	94.97	95.29	95.31	0.349

对于在经典 Transformer 变体模型中广泛采用的默认训练设置，所有模型都使用相同的数据集进行训练。具体来说，所有超参数都是官方设置的，没有任何额外的调整。本书提出的 FCCT 模型也以端到端进行训练。将批处理大小设置为128。如表4-10所示，虽然与其他经典方法相比，DNN 可以获得相对较高的精度，但在高维度波导剖面的反演方面仍不能取得显著的效果。在模拟数据集上的5折和10折 MAE 交叉验证中，本书提出的 FCCT 网络比其他基于 Transformer 的变体模型获得了更好的效果，包括运行时间和模型参数。

表4-10　深度学习模型对比

模型	MAE $K=5$	MAE $K=10$	参数(M)	复杂度(G)	时间/s
DNN[19]	5.71	2.69	563.91	0.86	0.35
Transformer[33]	0.84	0.67	9.932	2.931	0.34
LogTrans[34]	0.83	0.67	9.821	2.832	0.28
Informer[35]	0.57	0.46	6.358	2.759	0.27
FCCT	0.47	0.37	6.028	2.532	0.25

如图 4－22 所示，本书使用两组模拟海杂波功率数据集，将提出的 FCCT 模型与其他 Transformer 变体模型进行了比较。首先，很容易看出，本书提出的反演方法与模拟数据更一致。其次，基于两组模拟海杂波功率数据集，反演结果分别达到 96.99% 和 97.69%，反映了使用“量身定制 FCCT 模型”反演方法的优势。

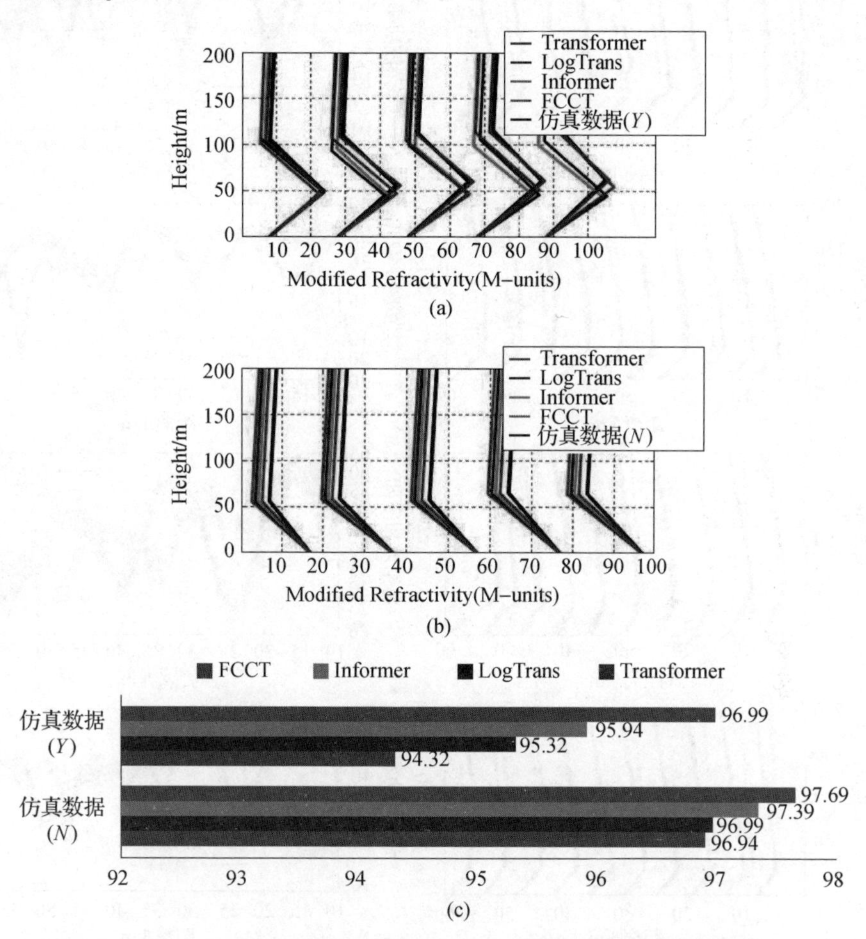

图 4－22　三折线表面波导反演结果（a）；二折线表面波导反演结果（b）；使用 Transformer、LogTrans、FCCT 和有基础层（*Y*）和无基础层（*N*）表面波导 *M* 剖面杂波功率反演精度（%）（c）（见彩图）

（2）Wallops'98 实测非均匀表面波导剖面反演验证。

本书使用美国 Wallops'98 实验中测量的雷达海杂波功率数据来反演和验证非均匀表面波导剖面。Wallops'98 实验和数据的详细描述可以在参考文献［9］和［36］中找到。Wallops'98 实验使用了全方位雷达（spandar）接收海杂波数据。如图 4－23 所示，实测的折射率及海杂波曲线（12:50UT、13:00UT、13:40UT 和 14:00 UT）分别用蓝色标记，反演的折射率和杂波功率用红色标记。

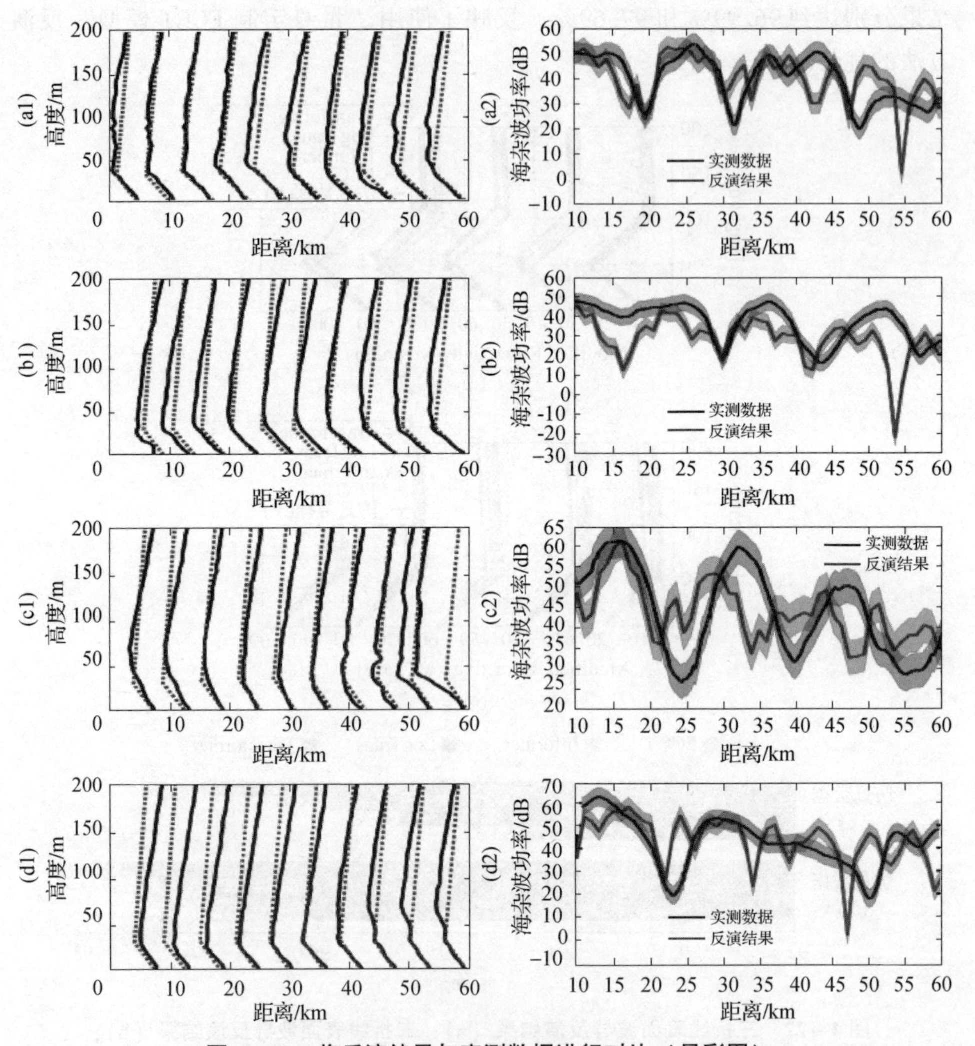

图 4－23　将反演结果与实测数据进行对比（见彩图）

左列（a1）~（d1）的比较反演折射率（红色）和折射率 M 剖面的直升机探测数据（从上到下分别对应 12:26UT ~ 12:50UT、12:52UT ~ 13:17UT、13:19UT ~ 13:49UT 和 13:51UT ~ 14:14UT）和直升机测量的海杂波功率用蓝色标记。右列（a2）~（d2）为反演的海杂波功率数据（红色），测量的雷达杂波功率（分别为 12:50UT、13:00UT、13:40UT 和 14:00UT）用蓝色标记。

从图 4－23 的左列可以得出结论，反演和测量的剖面彼此并不完全匹配。造成这种现象的主要原因是每组直升机的折射率分布在 25min 内被观察到，但反演分布反映了每个杂波测量对应的瞬时折射率分布信息。

图 4 – 23 的右列中，基于反演的折射率剖面与观测结果基本一致，但仍存在一些误差。图 a2 和图 d2 的反演结果与实测功率吻合较好，但图 c2 的实测功率与实测功率吻合较差，因为对于对流层电磁波的传播，其传播特性主要由折射条件决定。图 c2 反演的折射率结构与测量的折射率结构有误差；然而，微小的差异会导致电磁传播模拟的大误差。从海杂波功率的四组反演结果可以推断，四组反演结果基本符合折射率分布信息及海杂波功率分布信息，同时表明所提出的 FCCT 方法的有效性和可用性。

4.7　本章小结

水平非均匀大气波导是一种异常的大气结构，在海上出现的概率低，但其对海上探测雷达具有较强的电磁捕获能力。然而，现有的研究都假设水平距离方向大气波导的变化是均匀的，在实际的海洋环境中会导致产生较大的反演误差。

针对以上问题，本书提出了一种深度学习模型来解决非均匀波导剖面的反演误差问题。首先，本书提出了 1D – RDCAE 网络实现从高维水平距离非均匀剖面中提取低维度的剖面参数。其次，为了提高反演的效率和精度，本书提出了一种多尺度残差卷积网络（MSCA – ResNet）来解决非均匀蒸发波导剖面反演精度问题。在此基础之上，为了解决多参数表面波导反演有效性的问题，本书提出了一种全耦合卷积 Transformer（FCCT）网络来构建海杂波和低维度的非均匀剖面参数之间的非线性映射关系。为了验证反演模型的有效性，在两组海杂波功率数据上测试了其性能，基于仿真海杂波和实测海杂波数据分别可实现蒸发波导高度反演准确率为 96.98% 和 91.25%，优于传统的基于全局化的反演方法。为了进一步验证所提出的深度学习模型对于实测表面波导反演的有效性，使用了美国的 Wallops’98 实验中测量的雷达海杂波功率数据来反演非均匀表面波导剖面。试验结果表明所提出的 FCCT 方法的有效性和可用性。然而，本书所提出的模型仍然具有一定的局限性，作为一个数据驱动模型，提出的深度学习模型纯粹从数据中学习非均匀表面波导和杂波功率之间的非线性关系。尽管试图解释整个物理过程，但在反演过程中仍然缺乏物理解释。其次，搭建的深度学习模型的测量数据较少，因此测量数据的反演精度并不理想，虽然从模拟数据中得到了最好的反演结果。因此，未来的工作将更多地侧重解释性反演模型，并进行更多的实验来收集更多的测量数据，以不断提升模型的准确性。

参考文献

[1]张金鹏.海上对流层波导的雷达海杂波/GPS信号反演方法研究[D].西安:西安电子科技大学,2013.

[2]DOU P,SHEN H,LI Z. Time series remote sensing image classification framework using combination of deep learning and multiple classifiers system[J]. International Journal of Applied Earth Observation and Geoinformation,2021,103:102477.

[3]WANG G,JIA Q S,ZHOU M. Soft – sensing of wastewater treatment process via deep belief network with event – triggered learning[J]. Neurocomputing,2021,436:103 – 113.

[4]YU J,LIU G. Extracting and inserting knowledge into stacked denoising auto – encoders[J]. Neural Networks, 2021,137:31 – 42.

[5]PAOLETTI M E,HAUT J M,PLAZA J,et al. A new deep convolutional neural network for fast hyperspectral image classification[J]. ISPRS Journal of Photogrammetry and Remote Sensing,2018,145:120 – 147.

[6]HAN M,CONG R,LI X,et al. Joint spatial – spectral hyperspectral image classification based on convolutional neural network[J]. Pattern Recognition Letters,2020,130:38 – 45.

[7]DASAN E,PANNEERSELVAM I. A novel dimensionality reduction approach for ECG signal via convolutional denoising autoencoder with LSTM[J]. Biomedical Signal Processing and Control,2021,63:102225.

[8]ZHANG M,GONG M,MAO Y,et al. Unsupervised feature extraction in hyperspectral images based on wasserstein generative adversarial network[J]. IEEE Transactions on Geoscience and Remote Sensing,2019,57(5):2669 – 2688.

[9]GERSTOFT P,ROGERS L T,KROLIK J L,et al. Inversion for refractivity parameters from radar sea clutter [J/OL]. Radio Science,2003,38(3):[2022 – 12 – 05].

[10]JIN – PENG Z,YU – SHI Z,ZHEN – SEN W,et al. Inversion of regional range – dependent evaporation duct from radar sea clutter[J]. Acta Physica Sinica,2015,64(12):124101.

[11]ISAAKIDIS S A,DIMOU I N,XENOS T D,et al. An artificial neural network predictor for tropospheric surface duct phenomena[J]. Nonlinear Processes in Geophysics,2007,14(5):569 – 573.

[12]DOUVENOT R,FABBRO V,GERSTOFT P,et al. A duct mapping method using least squares support vector machines[J]. Radio Science,2008,43(6):1 – 12.

[13]DOUVENOT R,FABBRO V,BOURLIER C,et al. Retrieve the evaporation duct height by least – squares support vector machine algorithm[J]. Journal of Applied Remote Sensing,2009,3(1):033503.

[14]YAN X,YANG K,MA Y. Calculation method for evaporation duct profiles based on artificial neural network [J]. IEEE Antennas and Wireless Propagation Letters,2018,17(12):2274 – 2278.

[15]COMPALEO J,YARDIM C,XU L. Refractivity – from – clutter capable,software – defined,coherent – on – receive marine radar[J/OL]. Radio Science,2021,56(3):1 – 19.

[16]ZHOU S,GAO H,REN F. Pole feature extraction of HF radar targets for the large complex ship based on SPSO and ARMA model algorithm[J]. Electronics,2022,11(10):1644.

[17]GUO X,WU J,ZHANG J,et al. Deep learning for solving inversion problem of atmospheric refractivity estimation[J]. Sustainable Cities and Society,2018,43:524 – 531.

[18]ZHAO W,LI J,ZHAO J,et al. Research on evaporation duct height prediction based on back propagation neural network[J]. IET Microwaves,Antennas & Propagation,2020,14(13):1547 – 1554.

[19]JI H, YIN B, ZHANG J, et al. Joint inversion of evaporation duct based on radar sea clutter and target echo using deep learning[J]. Electronics, 2022, 11(14): 2157.

[20]康健, 董道广, 田文飚, 等. 一种高敏感度的蒸发波导剖面模型[J]. 电波科学学报, 2015, 30(5): 973-979.

[21]XIE S, GIRSHICK R, DOLLÁR P, et al. Aggregated residual transformations for deep neural networks [C]//Proceedings of the IEEE Conference on Computer Vision and Pattern Recognition. Honolulu, 2017: 1492-1500.

[22]ZHANG H, WU C, ZHANG Z, et al. Resnest: split-attention networks[C]//Proceedings of the IEEE/CVF Conference on Computer Vision and Pattern Recognition. New Orlears, 2022: 2736-2746.

[23]GUO X, WU J, ZHANG J, et al. Deep learning for solving inversion problem of atmospheric refractivity estimation[J]. Sustainable Cities and Society, 2018, 43: 524-531.

[24]KRIZHEVSKY A, SUTSKEVER I, HINTON G E. Imagenet classification with deep convolutional neural networks[J]. Communications of the ACM, 2017, 60(6): 84-90.

[25]HU J, SHEN L, SUN G. Squeeze-and-excitation networks[C]//Proceedings of the IEEE Conference on Computer Vision and Pattern Recognition. Salt Lake City, 2018: 7132-7141.

[26]ZHANG Y, GONG Z Y, WEI W W. Traffic sign detection based on improved faster R-CNN model[J]. Laser & Optoelectronics Progress, 2020, 57(18): 181015-181021.

[27]HE K, ZHANG X, REN S, et al. Deep residual learning for image recognition[C]//Proceedings of the IEEE Conference on Computer Vision and Pattern Recognition. Las Vegas, 2016: 770-778.

[28]HOWARD A G, ZHU M, CHEN B, et al. Mobilenets: efficient convolutional neural networks for mobile vision applications[J]. arXiv preprint arXiv: 1704.04861, 2017: 2285-2294.

[29]WOO S, PARK J, LEE J Y, et al. Cbam: convolutional block attention module[C]//Proceedings of the European Conference on Computer Vision(ECCV). 2018: 3-19.

[30]LI Y, YAO T, PAN Y, et al. Contextual transformer networks for visual recognition[J]. IEEE Transactions on Pattern Analysis and Machine Intelligence, 2022, 45(2): 1489-1500.

[31]CHAO Y. A comparison of the machine learning algorithm for evaporation duct estimation[J]. Radioengineering, 2013, 22(2): 657-661.

[32]ZHU X, LI J, ZHU M, et al. An evaporation duct height prediction method based on deep learning[J]. IEEE Geoscience and Remote Sensing Letters, 2018, 15(9): 1307-1311.

[33]VASWANI A, SHAZEER N, PARMAR N, et al. Attention is all you need[J]. Advances in Neural Information Processing Systems, 2017, 30: 5998-6008.

[34]LI S, JIN X, XUAN Y, et al. Enhancing the locality and breaking the memory bottleneck of transformer on time series forecasting[J]. Advances in Neural Information Processing Systems, 2019, 32: 6386-6397.

[35]Zhu Q, Han J, Chai K, et al. Time series analysis based on informer algorithms: a survey[J]. Symmetry, 2023, 15(4): 951.

[36]ROGERS L T, HATTAN C P, STAPLETON J K. Estimating evaporation duct heights from radar sea echo[J]. Radio Science, 2000, 35(4): 955-966.

第5章　基于二维马尔可夫链的全方位非均匀蒸发波导剖面建模

5.1 引言

由于不同海洋区域的大气环境是非均匀的，这种不均匀特性对雷达探测系统及移动通信系统产生重要影响。一般情况下，蒸发波导形成的折射率剖面是大气温度、湿度和气压的非线性函数。由于不同海域上空的气象条件通常是不同的，因此蒸发波导在海面上空发生时通常是全空间且非均匀的。郭等[1]在假设水平均匀的大气环境中反演了蒸发波导剖面参数，结果表明，在实际的海洋环境中，M剖面的水平非均匀假设会引起较大的反演误差。因此，对于海上蒸发波导，能够实现全空间非均匀蒸发波导M剖面的探测和反演这对评估和提升雷达系统的工作性能具有重要意义。

2003年，Gerstoft等将大气折射率剖面在垂直方向使用5个参数建模，水平方向使用6个参数建模，反演了海上水平非均匀表面波导M剖面[2]。2006年，Yardim等提出了使用马尔可夫链－蒙特卡罗采样技术对M剖面参数进行空间采样，实现对流层波导的剖面反演[3]。2019年，郭等提出将一维马尔可夫链实现水平距离的非均匀大气波导反演[4]。然而，以上方法都是在反演单一路径上的非均匀蒸发波导剖面，不适用于实际的海洋环境中区域性波导M剖面的反演。为实现全空方位路径上的非均匀大气波导反演，需要通过大量的实测数据来验证。然而，实际上对于海上低空区域范围内的非均匀蒸发波导数据往往十分有限，传统的马尔可夫过程很难实现全空间的非均匀大气波导准确建模。

为了更好地描述蒸发波导剖面的空间分布情况，本书提出了将多个方向上的一维马尔可夫链进行耦合，并适用于多维度蒸发波导剖面模拟的耦合马尔可夫链模型。另外，由于不同距离处蒸发波导剖面分布较为离散，作为耦合马尔可夫链主要输入参数之一的横向转移概率矩阵较难获取，并且耦合马尔可夫链模型难以模拟具有不同倾斜方向的蒸发波导剖面参数的交界面。本书对二维马尔可夫链模型及其输入参数的评估方法进行进一步改进，使该模型的模拟效果不受交界面倾斜方向及水平距离采样点数据的限制。

5.2　马尔可夫链建模方法

马尔可夫链的随机建模方法能够更加准确地描述复杂的蒸发波导高度的空间分布。2019 年，郭晓薇等运用一维马尔可夫链模拟蒸发波导的水平方向的波动变化。然而，对于全空间多维度的非均匀蒸发波导剖面的参数却没有相关研究。对于全空间随机波动过程模拟在地理地层的研究被广泛应用[5]。Vistelius[6]将马尔可夫链模拟应用于复式沉积层的研究中。为了更好地描述地层的空间特性，Elfeki 和 Dekking[7]将两个不同方向的一维马尔可夫链进行耦合提出了二维马尔可夫链。Li[8]等将耦合马尔可夫链模型进行改进并运用蒙特卡罗模拟实现土体的空间分布。Qi[9]等利用耦合马尔可夫链模型对土体成层结构进行模拟。Li[10]等将耦合马尔可夫链模型与有限元相结合，研究了不同方案模拟的边坡对其安全系数和失效概率的影响。但是目前关于耦合马尔可夫链的横向转移概率及模拟多维度的确定性研究还相对较少。为实现非均匀蒸发波导高度的全空间建模，将现有的二维马尔可夫链进行改进，提出了不同倾斜方向的蒸发波导剖面参数的交界面模拟，并实现多维度的马尔可夫链的横向转移概率的模拟建模。

5.3　耦合二维马尔可夫链模型

5.3.1　基本假设

马尔可夫链模型是一种随机过程建模，其原理是通过统计已知的相邻变量状态之间的转移概率对未知变量状态进行分析和预测。蒸发波导剖面的波动过程可以看作马尔可夫的波动过程，利用马尔可夫链的前提是蒸发波导高度需要满足以下一些基本假设。

（1）多个方向不同的一阶马尔可夫链模拟蒸发波导高度进行耦合时，每个方向的一维马尔可夫链是相互独立的。

（2）模型内部的蒸发波导高度的变量沿各个方向的转移过程具有一阶马尔可夫性。

（3）不同方向的蒸发波导高度变化的一维马尔可夫链具有齐次性。所谓齐次性，是指相邻的单元格之间蒸发波导高度的转移概率只取决于高度所在单元格的相对位置，而与绝对位置无关。

5.3.2　二维马尔可夫链条件概率

将非均匀蒸发波导高度的区域划分成多个大小相等的元素单元，每个划分好的单元内蒸发波导高度不变。蒸发波导的高度一般是在0~40m将蒸发波导高度平均分为40份，即每1m看作一种变化类型。由此可以得到蒸发波导高度的变化的集合$Z=\{Z_1,Z_2,\cdots,Z_{40}\}$。

由于马尔可夫链的工作原理是通过前一个元素单元的蒸发波导高度的值来推断后一个蒸发波导高度，因此在进行预测的时候必须以已知的元素为起点进行全空间的模拟。

如图5-1所示，将二维非均匀蒸发波导高度的变化区域划分成横、竖两个方向，其中横向是雷达探测的100km数据的展开，在竖向有左、右两列的初始值。同一列或同一行每个单元上只有一个模拟起点，即该列（行）的马尔可夫链只能沿同一方向进行模拟，即模拟的蒸发波导高度只能选择h（从左向右）与h'（从右向左）的其中一个方向的马尔可夫链与v（竖直向下）方向的马尔可夫链进行耦合模拟。

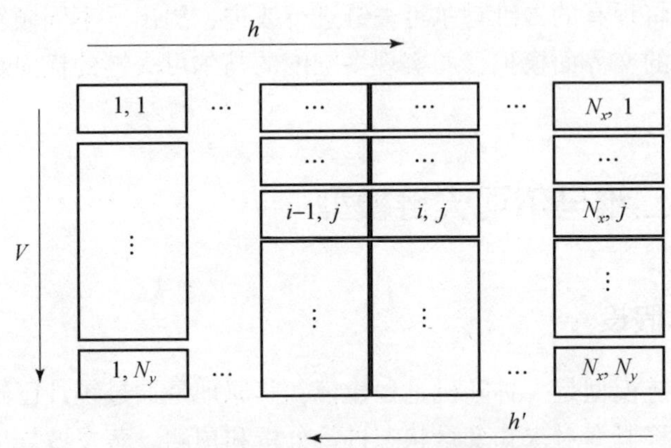

图5-1　二维马尔可夫链状态序列

首先，假设模拟的区域的横、竖两个方向的空间转移过程具有一阶马尔可夫性，且横、竖两个方向的进行马尔可夫链时是相互独立的。

当v和h两个方向的蒸发波导高度进行马尔可夫链耦合时，单元(i,j)的蒸发波导高度范围类型取决于区域单元$(i-1,j)$和单元$(i,j-1)$的类型。若单元$(i-1,j)$的蒸发波导高度是Z_p，单元$(i-1,j)$的蒸发波导高度是Z_q，单元(i,j)的蒸发波导高度为Z_w，Z_w的条件概率为

$$P(S_{i,j}=Z_u \mid S_{i-1,j}=Z_p, S_{i,j-1}=Z_q)$$
$$=P(S_{i,j}=Z_w \mid S_{i-1,j}=Z_p)P(S_{i,j}=Z_u \mid S_{i,j-1}=Z_q)$$
$$\bigg/ \sum_{f=1}^{m} P(S_{i,j}=Z_f \mid S_{i-1,j}=Z_p)P(S_{i,j}=Z_f \mid S_{i,j-1}=Z_q) \tag{5.1}$$

式中：$v-h$ 为 v 和 h 两个方向的一维马尔可夫链进行耦合。

若将 h 方向的终点(N_x,j)的类型作为约束条件用于判别单元(i,j)蒸发波导高度 Z_u。则单元(i,j)的蒸发波导高度 Z_w 的转移概率 $P^{v-h}_{Z_pZ_q,Z_w \mid Z_u}$ 表达式为

$$P(S_{i,j}=Z_w \mid S_{i-1,j}=Z_p, S_{i,j-1}=Z_q, S_{i,N_x}=Z_u)$$
$$=\frac{P(S_{i,j}=Z_w \mid S_{i-1,j}=Z_p)P(S_{i,j}=Z_w \mid S_{i,j-1}=Z_q)P(S_{i,N_x}=Z_u \mid S_{i,j}=Z_w)}{\sum_{f=1}^{m} P(S_{i,j}=Z_f \mid S_{i-1,j}=Z_p)P(S_{i,j}=Z_f \mid S_{i,j-1}=Z_q)P(S_{i,N_x}=Z_u \mid S_{i,j}=Z_w)} \tag{5.2}$$

5.4 耦合二维马尔可夫链对方向的模拟计算

目前，基于马尔可夫链的模型仅是考虑单一方向的横向或竖向的马尔可夫链的模拟方向。当模拟不同的高度之间的边界与马尔可夫链模拟的方向一致时，即所有的交界面都是沿着水平方向倾斜，这样的情况能够比较好地完成全空间的模拟任务。但是，对于非均匀蒸发波导，不同高度的蒸发波导的交接方向是不确定的，且单一方向延伸的情况非常少见，大多数情况是实际蒸发波导高度的边界之间有很大的倾斜角，在这种情况下，模型不能够很好地模拟全空间的蒸发波导高度的空间分布。这种类型的方法存在以下两种缺陷。

(1) 当不同高度之间的交接面沿着马尔可夫链模拟方向呈现向上倾斜的趋势时，传统二维马尔可夫链模拟出来的边界会呈现阶梯状的锯齿状分布，边界之间的模拟不够光滑。

(2) 当横向马尔可夫链模拟的终点出现了蒸发波导高度的跃迁或跳跃时，同时这种情况分布在终点附近，这种情况很难实现模拟。

根据上面的分析，二维马尔可夫链应该适合模拟边界沿着横向水平向上倾斜的边界分布的情况，并且应该尽量避免跃迁情况的出现，以保证模拟出来的数据具有更好的延展性。因此，为了解决上述问题，本书模拟改进的二维耦合马尔可夫链方向时，在交接处重新确定模拟方向，并不是一成不变地与上一次模拟方向保持一致。

图5-2中记录的第$(i-1)$行和第 i 行是边界交界处的转移情况。

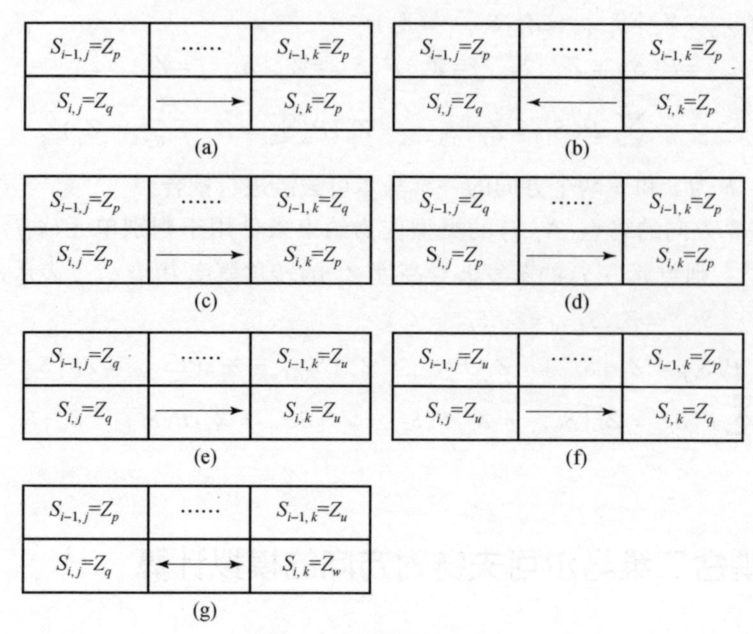

图 5－2　方向模拟过程

（1）如图5－2（a）所示，单元$(i-1,j)$，$(i-1,k)$，(i,k)的蒸发波导的高度全部是Z_p，而单元(i,j)的蒸发波导的高度是Z_q。由此可以推断出，Z_p和Z_q之间交界面有沿着箭头方向向下倾斜的趋势，此时的箭头的指向就代表第i行进行马尔可夫链的模拟方向。图5－2（b）~图5－2（d）所示的情况与图5－2（a）一致。

（2）如图5－2（e）和图5－2（f）所示，当终点的蒸发波导高度即$i-1$行和i行的蒸发波导高度值难以判断边界的延伸倾斜方向，此时应该以新出现的蒸发波导高度值为该行横向马尔可夫链的起点，这样模拟出来的效果具有更好的延展性，与周围的类型过渡得更加自然。

（3）当在第$(i-1)$行和第i行之间出现交界面时，第i行进行耦合马尔可夫链的方向模拟是不能确定的。当出现这种情况时，可以通过沿着h方向模拟发生概率$p(h)$与沿着h'方向模拟发生概率$p(h')$进行抽样。此时的情况是如图5－2（g）所示，单元(i,j)代表的类型是Z_q，此时沿h方向转移到单元(i,k)时的类型为Z_w的转移概率是$p_{Z_qZ_w}^{h(k-j)}$；同理，单元(i,k)代表的类型是Z_w，此时其沿h'方向转移到单元(i,j)时的类型为Z_q的转移概率是$p_{Z_wZ_q}^{h'(k-j)}$。因此，第i行单元每种蒸发波导高度的横向马尔可夫链发生概率$p(h)$和$p(h')$可以表示为

$$p(h)=p_{Z_qZ_w}^{h(k-j)}/(p_{Z_qZ_w}^{h(k-j)}+p_{Z_wZ_q}^{h'(k-j)}) \tag{5.3}$$

$$p(h') = p_{Z_w Z_q}^{h'(k-j)} / (p_{Z_q Z_w}^{h'(k-j)} + p_{Z_w Z_q}^{h'(k-j)}) \tag{5.4}$$

5.5　转移概率矩阵的计算

转移概率矩阵是耦合马尔可夫链模型中重要的输入参数。由于空间上分布存在各向异性，所以耦合马尔可夫链模型在横向和竖向上的转移概率矩阵是存在差异的。转移概率矩阵的取值将直接影响非均匀蒸发波导高度的模拟结果，因此合理地估计横向和纵向蒸发波导的高度转移概率矩阵是获得合理的耦合马尔可夫链模型实现的前提。

5.5.1　竖向转移概率矩阵估计

沿着竖向 v 方向的转移计数矩阵可由初始设定的蒸发波导高度获得，记为 $\boldsymbol{C}^v$：

$$\boldsymbol{C}^v = \begin{bmatrix} c_{s_1 s_1}^v & c_{s_1 s_2}^v & \cdots & c_{s_1 s_m}^v \\ \vdots & \vdots & \vdots & \vdots \\ c_{s_m s_1}^v & c_{s_m s_2}^v & \cdots & c_{s_m s_m}^v \end{bmatrix} \tag{5.5}$$

式中：$c_{s_m s_m}^v$ 为竖向 v 上相邻两蒸发波导高度单元之间高度 s_m 转移到高度 s_m 的次数。

沿着竖向 v 方向的转移概率矩阵 $\boldsymbol{P}^v$ 为

$$\boldsymbol{P}^v = \begin{bmatrix} p_{s_1 s_1}^v & p_{s_1 s_2}^v & \cdots & p_{s_1 s_m}^v \\ \vdots & \vdots & \vdots & \vdots \\ p_{s_m s_1}^v & p_{s_m s_2}^v & \cdots & p_{s_m s_m}^v \end{bmatrix} \tag{5.6}$$

$$p_{s_m s_2}^v = c_{s_m s_m}^v / \sum_{f=1}^{m} c_{s_m s_f}^v \tag{5.7}$$

5.5.2　横向的转移概率矩阵估计

Walther 相序定律[11]认为同一剖面在各方向的转移规模是不同的，横向转移的规模一般大于竖向的转移规模，因此不能直接采用竖向转移概率代替横向转移概率。通常，蒸发波导高度的变化情况往往由走向、倾向、倾角三要素表示，其中不同层的倾角的作用可以量化为横向和竖向延伸长度之比，记为 K。由于蒸发波导高度的在横向延伸的长度要远大于竖向，在横向上自身发生转移的概率比较大，横向转移计数矩阵表示为 $\boldsymbol{C}^h$：

$$
\boldsymbol{C}^{h}=\begin{bmatrix} c_{s_1s_1}^{h} & c_{s_1s_2}^{h} & \cdots & c_{s_1s_m}^{h} \\ \vdots & c_{s_2s_2}^{v} & \ddots & \vdots \\ & \vdots & & \\ c_{s_ms_1}^{h} & c_{s_ms_2}^{h} & \cdots & c_{s_ms_m}^{h} \end{bmatrix}=\begin{bmatrix} Kc_{s_1s_1}^{v} & c_{s_1s_2}^{v} & \cdots & c_{s_1s_m}^{v} \\ \vdots & K\,c_{s_2s_2}^{v} & \ddots & \vdots \\ & \vdots & & \\ c_{s_ms_1}^{v} & c_{s_ms_2}^{v} & \cdots & Kc_{s_ms_m}^{v} \end{bmatrix} \tag{5.8}
$$

式中：K 为横向与竖向延伸长度之比；$c_{s_ms_m}^{h}$ 为横向 h 上相邻两地质单元之间土体类型 s_m 转移到土体类型 s_m 的次数。

横向转移概率矩阵 $\boldsymbol{P}^{h}$ 为

$$
\boldsymbol{P}^{h}=\begin{bmatrix} p_{s_1s_1}^{h} & p_{s_1s_2}^{h} & \cdots & p_{s_1s_m}^{h} \\ \vdots & \vdots & \vdots & \vdots \\ p_{s_ms_1}^{v} & p_{s_ms_2}^{v} & \cdots & p_{s_ms_m}^{v} \end{bmatrix} \tag{5.9}
$$

$$
p_{s_ms_2}^{h}=c_{s_ms_m}^{h}\Big/\sum_{f=1}^{m}c_{s_ms_f}^{h} \tag{5.10}
$$

当地层沿着 h'方向向下倾斜时，横向上，相邻地质单元之间土体类型的转移概率也可通过类似的方法计算得到。因为本书假设了同一场地内所有地层在横向和竖向延伸长度的比值是相等的，所以土体类型沿 h 方向和 h'方向的转移概率矩阵实际上是一致的，即

$$
\boldsymbol{p}^{h}=\boldsymbol{p}^{h'} \tag{5.11}
$$

5.5.3 *K* 值估计

不同蒸发波导高度的横向与竖向的延伸的长度只比可以利用初始蒸发波导的变化数据获得，其基本的思路类似于极大似然估计，不同的 K 值得到的蒸发波导高度不同，将各蒸发波导高度之间的转移似然度相乘即总体的蒸发波导高度的转移似然度数 Q；当 Q 取得最大值时，K 值的结果最优。

$$
Q=Q_1Q_2\cdots Q_{N-1} \tag{5.12}
$$

$$
Q_z=R(Z_{i,1}=Z_mZ_{j,1}=Z_o)R(Z_{i,2}=Z_{m+1},Z_{j,2}=Z_{o+1})\cdots R(Z_{i,N_y}=Z_n,Z_{j,N_y}=Z_p) \tag{5.13}
$$

式中：Z_m，…，Z_n 为第 Z 个距离处内对应的蒸发波导高度的取值；$R(Z_{i,1}=Z_m,Z_{j,1}=Z_o)$为非均匀蒸发波导高度的单元$(i,1)$的蒸发波导高度为 Z_m，单元$(j,1)$的蒸发波导高度为 Z_o 的概率，与模拟方向有关；$R(Z_{i,N_y}=Z_n,Z_{j,N_y}=Z_p)$为非均匀蒸发波导高度的单元$(i,N_y)$的蒸发波导高度为 Z_m，单元(j,N_y)的蒸发波导高度为 Z_p 的概率，与模拟方向有关；Q_z 为距离 Z 与距离 $Z+1$ 两距离

处之间的蒸发波导高度转移概率的似然度；Q 为距离 1 到距离 N 所有相邻两个距离之间转移发生概率的似然度相乘之积。

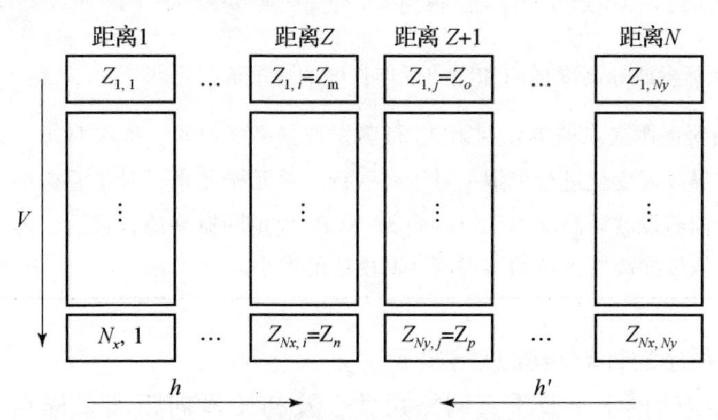

图 5 – 3　各距离处蒸发波导高度变化

当横向马尔可夫链沿着 h 方向进行模拟时：

$$R(Z_{1,i}=Z_m,Z_{1,j}=Z_o)=p_{z_m z_o}^{h(j-i)} \tag{5.14}$$

当横向马尔可夫链沿着 h' 方向进行模拟时：

$$R(Z_{1,i}=Z_m,Z_{1,j}=Z_o)=p_{z_m z_o}^{h'(j-i)} \tag{5.15}$$

当马尔可夫链模拟的方向无法直接进行判断时，即出现图 5 – 2（g）所示的情况时，为使得似然度 Q 取得最大值，应使 $R(Z_{1,i}=Z_m,Z_{1,j}=Z_o)$ 取 $p_{z_m z_o}^{h(j-i)}$ 和 $p_{z_m z_o}^{h'(j-i)}$ 中的较大值，即

$$R(Z_{1,i}=Z_m,Z_{1,j}=Z_o)=\max[p_{z_m z_o}^{h(j-i)},p_{z_m z_o}^{h'(j-i)}] \tag{5.16}$$

5.5.4　算法流程

本书结合实际的非均匀大气波导变化过程公式推导，通过二维马尔可夫链进行模拟，相应的流程如算法 1 所示。

算法 1　耦合二维马尔可夫链模拟伪代码
输入需求：模拟区域水平及垂直网格尺寸，初始横向距离采样点的蒸发波导高度数据；
输出：非均匀蒸发波导高度区域变化结果；
1. 对横向和竖向区域进行离散化，得到马尔可夫链网格区域；
2. 将初始距离点记录的蒸发波导高度输入相应离散的单元格内，得到初步的非均匀蒸发波导高度区域；
3. 根据初始距离点数据，计算 $\boldsymbol{P}_{s_m s_2}^{v}=\boldsymbol{C}_{s_m s_m}^{v}/\sum_{f=1}^{m}\boldsymbol{C}_{s_m s_f}^{v}$；

续表

4. 根据垂直向转移概率矩阵的计算，得到水平距离向转移概率矩阵 $\boldsymbol{P}^h_{s_m s_2}=\boldsymbol{C}^h_{s_m s_m}/\sum_{f=1}^{m}\boldsymbol{C}^h_{s_m s_f}$；
5. 估计得到蒸发波导高度横向和竖向延伸长度的比值 K；
6. 从第 2 行竖向距离点的单元到第 N_x 行蒸发波导高度单元，依次对每一行的单元格内的蒸发波导高度变化进行模拟。对于每一行的单元格元素，对单元格的方向进行判断并计算当前蒸发波导高度单元结合中 $\boldsymbol{P}^h$ 及 $\boldsymbol{P}^{h'}$ 模拟的概率值，最后，通过概率值对比确定该蒸发波导高度区域的蒸发波导高度值的大小。

该算法程序的计算步骤总结如下。

（1）确定建模水平及垂直网格尺寸，及初始横向距离采样点的蒸发波导高度数据值，并将初始距离点记录的蒸发波导高度数据输入相应离散的单元格内，得到初步的非均匀蒸发波导高度区域；

（2）根据初始数据，找到合适的采样间隔对横向和竖向区域进行离散化，得到马尔可夫链网格；

（3）根据初始竖向距离点数据，计算 $\boldsymbol{P}^v_{s_m s_2}=\boldsymbol{C}^v_{s_m s_m}/\sum_{f=1}^{m}\boldsymbol{C}^v_{s_m s_f}$；

（4）根据垂向转移概率矩阵的计算，得到水平距离向转移概率矩阵 $\boldsymbol{P}^h_{s_m s_2}=\boldsymbol{C}^h_{s_m s_m}/\sum_{f=1}^{m}\boldsymbol{C}^h_{s_m s_f}$；

（5）估计得到蒸发波导高度横向和竖向延伸长度的比值 K；

（6）对空间区域进行二维马尔可夫链模拟得到各个马尔可夫链网格内的蒸发波导高度。

5.6 基于改进的二维马尔可夫链的蒸发波导模拟验证

5.6.1 二维马尔可夫链空间模拟矩阵估计

横向各采样点之间的相互转移过程具有一阶马尔可夫性，因此对于横向和竖向全空间非均匀蒸发波导能够运用耦合马尔可夫链模拟全空间的非均匀蒸发波导高度变化

1. 竖向转移概率矩阵

本书针对 100km×100km 的非均匀蒸发波导区域应的 8 个距离处的蒸发波导高度信息，以距离 20km、30km、50km、60km、70km、100km 处的蒸发波

导高度的变化为约束距离，40km、80km 作为参照距离，由式（5.5）可以得到竖向转移计数矩阵，如表 5－1 所示；将表 5－1 的计算的结果代入式（5.6）中可以得到相应的竖向转移概率矩阵，如表 5－2 所列。

表 5－1 竖向转移计数矩阵

蒸发波导高度	*A*	*B*	*C*	*D*	*E*	*F*	*G*	*H*
A	19	6	0	0	0	0	0	0
B	2	19	7	0	0	0	0	0
C	0	2	37	0	0	0	0	0
D	0	0	1	33	8	0	0	0
E	0	0	0	3	50	10	0	0
F	0	0	0	0	5	105	20	0
G	0	0	0	0	0	17	107	9
H	0	0	0	0	0	0	7	44

表 5－2 竖向转移概率矩阵

蒸发波导高度	*A*	*B*	*C*	*D*	*E*	*F*	*G*	*H*
A	0.76	0.24	0	0	0	0	0	0
B	0.07	0.68	0.25	0	0	0	0	0
C	0	0.05	0.95	0	0	0	0	0
D	0	0	0.02	0.79	0.19	0	0	0
E	0	0	0	0.05	0.79	0.16	0	0
F	0	0	0	0	0.04	0.81	0.15	0
G	0	0	0	0	0	0.13	0.80	0.07
H	0	0	0	0	0	0	0.14	0.86

2. 横向转移概率矩阵

在求解横向转移概率矩阵之前需要确定 K 的取值，分别取 1，2，…，19 等 19 个不同的 K 的值，由式（5.8）可以得到横向转移计数矩阵，如表 5－2 所列，其中当 K 取 1 时，对应的横向转移概率矩阵如表 5－3 所列。

表 5-3　横向转移计数矩阵

蒸发波导高度	A	B	C	D	E	F	G	H
A	$19K$	6	0	0	0	0	0	0
B	2	$19K$	7	0	0	0	0	0
C	0	2	$37K$	0	0	0	0	0
D	0	0	1	$33K$	8	0	0	0
E	0	0	0	3	$50K$	10	0	0
F	0	0	0	0	5	$105K$	20	0
G	0	0	0	0	0	17	$107K$	9
H	0	0	0	0	0	0	7	$44K$

利用式（5.11）和式（5.12）依次得到不同 K 值相应的转移似然度 Q，并绘制 Q 随 K 大的变化曲线，如图 5-4 所示。

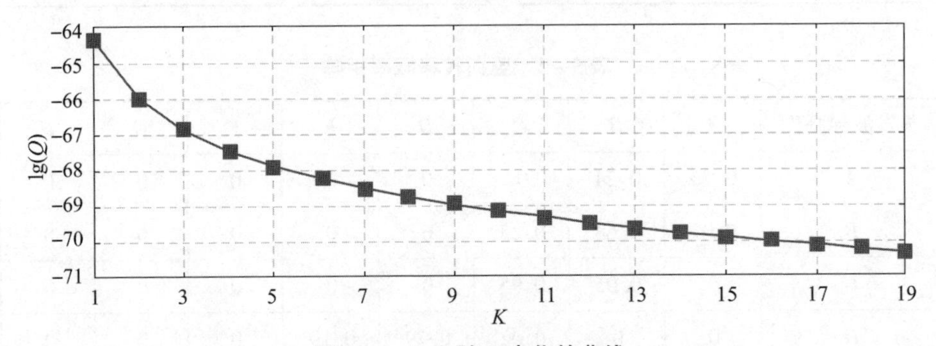

图 5-4　lg$Q$ 随 K 变化的曲线

由图 5-4 可知，蒸发波导高度的转移概率似然度 Q 随 K 值的增大逐渐减小，然后逐渐趋于稳定的状态，其中当 $K=1$ 时，似然度 Q 的值最大。

5.6.2　蒸发波导高度 K 值验证

采用上述 A、C、D、E、F、H 作为约束距离进行二维马尔可夫链模拟，以 B、G 为参考，用于对区域蒸发波导高度区域变化实现准确性的评估，运用蒙特卡罗思想，对不同值进行 400 次实验，图 5-5 给出了 $K=1$、7、13、19 时的一次典型的空间模拟结果。

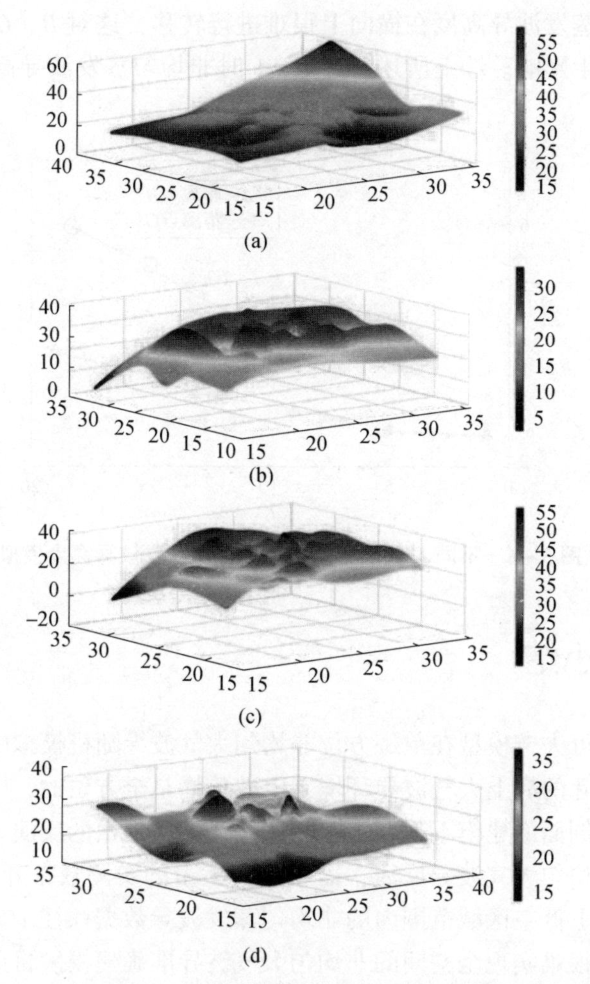

图 5－5　不同 K 值时一次典型的区域蒸发波导高度模拟（见彩图）

(a) $K=1$；(b) $K=7$；(c) $K=13$；(d) $K=19$。

为了描述不同 K 值对 B、G 所对应的蒸发波导高度的值的影响效果，采用模拟区域与实际 B、G 蒸发波导高度的误差来进行定量的评价：

$$R(x,z)=R(x,g(x))=\sqrt{\sum_{i=1}^{n}(g(x)-x)^2/n} \tag{5.17}$$

式中：x 为实际 B、G 两个距离单元格对应的实际的蒸发波导高度值；$g(x)$ 为模拟两个距离点的蒸发波导高度值；n 为总共的单元格的个数。图 5－6 显示了不同的 K 值的误差。由图 5－6 所示，当 $K=1$ 时，模拟的区域蒸发波导出现了逐渐平缓的渐变效果，并且误差最小；当 $K=5$，9，13，15，19 时，同一距离处在横向上同一高度的蒸发波导发生转移的概率会增大，因此同一距离处的蒸发波导高度在横向上很难进行转移，这对 B、G 两个距离处的模拟效果会产生影响。综上所述，当 $K=1$ 时非均匀蒸发波导高度的区域模拟结果较优。

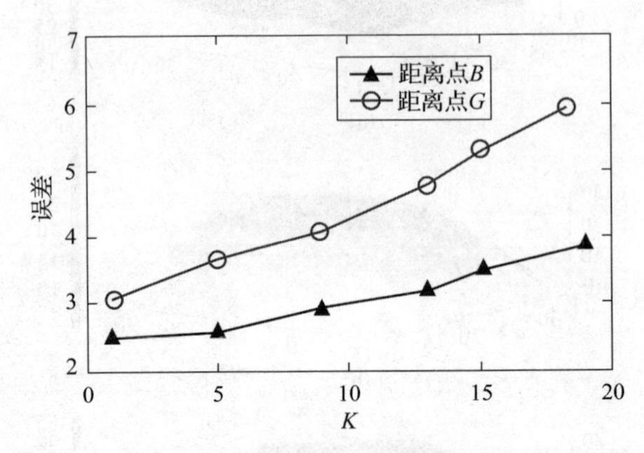

图 5-6　不同 K 值时一次典型的区域蒸发波导高度模拟

5.7　本章小结

一维马尔可夫链模型在单一方位非均匀大气波导随机模拟中得到了广泛应用。然而，实际的海上大气波导环境下电波传播是全方位的，因此单一方位非均匀大气波导剖面的建模不适用于实际的海洋环境剖面的反演。为实现全空方位路径上的非均匀大气波导反演，需要进行大量的实测数据开展验证。然而，实际上对于海上低空区域范围内的非均匀蒸发波导数据往往十分有限，传统的马尔可夫过程很难实现全空间的非均匀大气波导准确建模。目前，关于这方面的研究仍比较欠缺。因此，本书主要对二维耦合马尔可夫链模型进行改进，提出了将多个方向上的一维马尔可夫链进行耦合，并适用于多维度蒸发波导剖面模拟的耦合马尔可夫链模型。其次，由于不同距离处蒸发波导剖面分布较为离散，作为耦合马尔可夫链主要输入参数之一的横向转移概率矩阵较难获取，并且耦合马尔可夫链模型难以模拟具有不同倾斜方向的蒸发波导剖面参数的交界面。本书对二维马尔可夫链模型及其输入参数的评估方法进行进一步改进，使该模型的模拟效果不受交界面倾斜方向及水平距离采样点数据的限制。从而更好地实现非均匀蒸发波导剖面的全空间建模。通过试验分析发现，优化后的耦合二维马尔可夫对非均匀蒸发波导的空间建模使该模型的模拟的效果不受交界面倾斜方向及水平距离采样点数据的限制，能够很好地实现非均匀蒸发波导剖面的全空间不连续变化。

参考文献

[1]ZHAO M,ZHONG S,FU X,et al. Deep residual shrinkage networks for fault diagnosis[J]. IEEE Transactions on Industrial Informatics,2019,16(7):4681 - 4690.

[2]ROGERS L T,JABLECKI M,GERSTOFT P. Posterior distributions of a statistic of propagation loss inferred from radar sea clutter[J]. Radio Science,2005,40(6):1 - 14.

[3]YARDIM C. Statistical estimation and tracking of refractivity from radar clutter[M]. San Diego:University of California Press,2007.

[4]GUO X,WU J,ZHANG J,et al. Deep learning for solving inversion problem of atmospheric refractivity estimation[J]. Sustainable Cities and Society,2018,43:524 - 531.

[5]张玉生,郭相明,赵强,等. 大气波导的研究现状与思考[J]. 电波科学学报,2020,35(6):813 - 831.

[6]VISTELIUS A B. On the question of the mechanism of the formation of strata[J]. Dokl. Akad. NaukS. SSR,1949,65:191 - 194.

[7]ELFEKI A,DEKKING M. A Markov chain model for subsurface characterization:theory and applications[J]. Mathematical Geology,2001,33(1):27 - 40.

[8]LI W,ZHANG C,BURT J E,et al. Two - dimensional Markov chain simulation of soil type spatial distribution [J]. Soil Science Society of America Journal,2004,68(5):1479 - 1490.

[9]QI X H,LI D Q,PHOON K K,et al. Simulation of geologic uncertainty using coupled Markov chain[J]. Engineering Geology,2016,207:129 - 140.

[10]LI D Q,QI X H,CAO Z J,et al. Evaluating slope stability uncertainty using coupled Markov chain[J]. Computers and Geotechnics,2016,73:72 - 82.

[11]ELFEKI A M M,DEKKING F M. Modelling subsurface heterogeneity by coupled Markov chains:directional dependency,Walther' s law and entropy[J]. Geotechnical & Geological Engineering,2005,23:721 - 756.

第6章　基于深度学习的全方位非均匀蒸发波导剖面反演

6.1　引言

基于海杂波的反演方法是目前较为可靠，且能满足波导结构的大气波导遥感手段，应用前景良好。然而，目前主要存在三方面的挑战：一是低海情下海杂波杂噪比低、有效的海杂波距离范围小，数据源不足导致大气波导反演精度低、反演的区域有限；二是当前的技术仅对单一方位、不同距离上的波导参数反演，通过不同方位反演结果拼接获取区域波导的方式难以满足实时性要求，且不同方位上的波导参数的渐变规律考虑不足；三是当前的反演方法需要考虑高维度的大气波导导致反演模型复杂度高，反演效率低。2018 年，Cemil Tepecik 和 Isa Navruz 使用了 RBF 算法和 GA 算法相结合的混合算法，实现蒸发波导剖面的反演[1]。然而，传统的反演方法在每次反演迭代的过程中会带来大量的时间和空间复杂度。为了提高模型的效率，2019 年，郭等[2]提出了深度神经网络实现均匀蒸发波导剖面反演。然而，当传统的深度神经网络用于具有空间特性的三维非均匀蒸发波导剖面的反演时，会给模型带来较高的模型参数，影响实际模型反演的效率。

为了实现非均匀蒸发波导的有效反演，本书通过耦合二维马尔可夫链实现非均匀大气波导剖面的空间建模。然后，将计算机图像的训练任务应用到非均匀蒸发波导剖面的反演。基于深度学习的方法在计算机视觉领域中最典型的应用就是 CNN。CNN 的核心是卷积核，具有平移不变性和局部敏感性等归纳偏置，可以捕获局部时空信息。然而，卷积操作缺乏对图像的全局理解，无法建模特征之间的依赖关系，从而不能充分应用上下文的信息。除此之外，卷积的权重是固定的，并不能动态地适应输入的变化。因此，本书将自然语言处理的 Transformer 模型应用到非均匀蒸发波导剖面的反演任务。相比 CNN，Transformer 的自注意力机制不受局部信息的限制，既能够挖掘长距离的依赖关系，又能够进行并行计算，根据不同的任务目标，学习最适合的归纳偏置，在诸多的计算机视觉任务中取得了良好的效果。全空间的非均匀蒸发波导剖面和海杂波功率之间的非线性关系的映射学习，类似于深度学习的图像映射任务，即根据输入的非均匀蒸发波导剖面的向量生成目标海杂波功率图像的过程，这就需要一个能够理解图像全局组件的模型，使其能够具有局部真实性和全局一致性的特征。当前的图像之间映射任务主要是借助计算机视觉 Transfomer 网络（Vision Transformer，ViT）来实现的，即将 Transformer 架构应用于计算机视觉任务，克服卷积神经网络由网络学习过程中偏置归一化带来的局限性，突破图像的感受野的限制，计算像素与全部图像的关系，从而提取数据的依赖关系。然而，ViT 将输入图像切块并展平成向量，忽略了图像的特有性质，破坏了其固有的结构信息，导致学习效率不高，难以训练。为解决以上问题，Han 等[3]提出了 TNT（Transformer in Transformer）模型，一种新型的基于结构嵌套的 Transformer 架构。通过内外两个 Transformer 联合，提取图像局部和全局的特征。Yuan 等[4]提出了基于渐进式 Token 化机制的 T2T - VIT（tokens - to - token VIT）模型，同时建模图像的局部结构信息与全局相关性。Liu 等[5]提出了一种提高 VIT 性能的新的 Swin transformer，探索 Transformer 在 ImageNet 分类中的潜力[6]。然而，以上的图像生成网络都有一个显著的缺点，只重点关注局部的注意力范围，图像的预测结果依赖每个像素的周围的取值，一次只能执行一步，并且要以失去全局接受域值为代价，这就增加了存储和计算成本。为了提高模型的有效性，本书提出了（MM - VIT）模型来实现对具有空间非均匀特性的大气波导反演。从结构上来讲，MM - VIT 包括四个部分：提取特征的头部、Transformer 编码器、Transformer 解码器及将特征图重构尾部。采用多头多尾共享躯干 Transformer 网络结构，能够应对全方位的雷达回波图，自动调整头部和尾部的参数值，与此同时，在解码器结构中加入了任务标签嵌入，用于高精度重构全方位非均匀蒸发波导图。通过对全方位大气波导反演方法的构建，将船用通用导航雷达进行软件升级，从回波成像可以观察图像方位是否存在干扰和杂波，图像零位是否存在大气波导回波飘动，通过回波信号的显示，能够初步判断大气波导的有无问题，以及雷达回波的杂波功率数据能够实现全方位大气波导的反演。

6.2　全空间非均匀蒸发波导剖面建模

第5章介绍了耦合二维马尔可夫链实现非均匀蒸发波导空间建模，为了进一步验证二维马尔可夫链模拟蒸发波导的有效性，将验证的 B、G 两个距离处的蒸发波导高度值，二维马尔可夫链模拟得到 B、G 两个距离处的蒸发波导高度信息；以及将 A、C、D、E、F、H 进行简单的线性插值得到的 B、G 两个距离处的蒸发波导高度信息，进行对比分析；图 6－1 给出了当 $K=1$ 时，B 距离处的模拟结果与实测结果之间的误差；图 6－2 给出了当 $K=1$ 时，G 距离处的模拟结果与实测结果之间的误差。

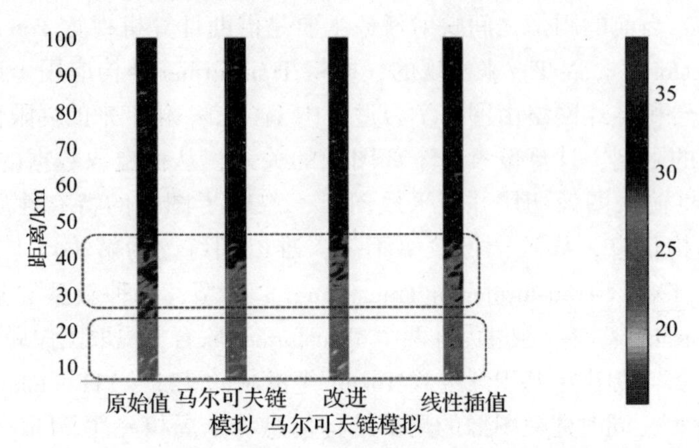

图 6－1　B（40km）距离处蒸发波导高度模拟结果与实测值误差（见彩图）

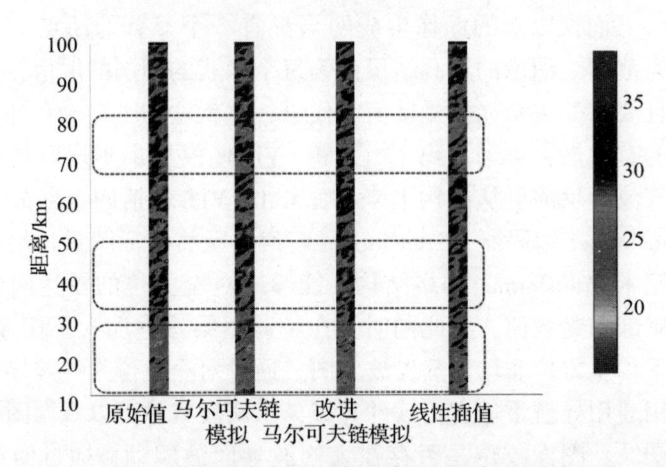

图 6－2　G（80km）距离处蒸发波导高度模拟结果与实测值误差（见彩图）

由图 6－2 可知，B 距离处利用线性插值法的平均误差为 6.3m；而利用二位马尔可夫链模拟的误差为 2.3m；相比之下，二维马尔可夫链的模拟有效降低了非均匀蒸发波导模拟误差，使实际的非均匀蒸发波导的变化更加接近于真实情况，从而验证了二维马尔可夫链进行空间模拟的可靠性。

当非均匀蒸发波导的高度变化较为复杂时，对于区域竖向采样点的布置方案的选取是对空间模拟最关心的内容之一。为了更加方便地构造较多的空间模拟方案，本书选取竖向采样点数量最多的布局方案。表 6－1 列出了模拟的蒸发波导区域 20 ~ 100km 由 8 个采样点所构造的 7 个不同的区域采样布局的方案。

表 6 - 1　采样点布置方案

采样点位置方案	20	30	40	50	60	70	80	100
1	√							√
2	√	√						√
3	√						√	√
4	√		√					√
5	√					√		√
6	√				√			√
7	√			√				√

本书运用相似度指标 L_A 评价耦合马尔可夫链模型在采样点 A 位置处所模拟的非均匀蒸发波导高度与实际的非均匀蒸发波导高度之间的相似度：

$$L_A = \frac{1}{N_p} \sum_{i=1}^{N_P} \left(G_{A,i}/N_p \right) \times 100\% \tag{6.1}$$

式中：N_p 为耦合马尔可夫模型实现的总数；$G_{A,i}$ 为第 i 个耦合马尔可夫链模型实现在距离采样点 A 处与实测值相等的单元的个数。

表 6 - 1 列出了每个采样点的布置的相似度指标的计算结果。由表 6 - 2 可以看出，采样点的位置方案 2 在新增采样点两侧附近的相似度指标相比采样点布置方案 1 有不同程度的提高。新增采样点位置的不同，其对整体的非均匀蒸发波导高度的区域模拟的结果也会有所差异。如表 6 - 2 所列，采样点方案 2 比采样点方案 1 增加了 30km 处的采样点，其相似度指标 L_{40} 和 L_{50} 相比方案 1 有明显的提升。但是相比 L_{60}、L_{70} 和 L_{80} 相比采样点方案 1 变化不明显。方案 3 相比方案 1 增加了 80km 处的采样点，其准确率指标 L_{30}、L_{40} 和 L_{50} 没有明显变化，但是对于 L_{60} 和 L_{70} 则有明显的准确率提升。方案 4 相比方案 1 增加了 40km 处的采样点，其相似度指标 L_{30}、L_{50} 和 L_{60} 相比采样点方案 1 明显提升，但是 L_{60}、L_{70} 变化不明显。方案 5、6 和 7 都是在采样点两侧附近的相似度指标明显提升。

综上所述，不同的采样点的位置对耦合马尔可夫链模拟全空间的非均匀蒸发波导的区域变化会产生较大的影响。为了保证对模拟结果能够更拟合实际的非均匀蒸发波导高度的区域变化，本篇文章在0~100km采用了采样点数量最多的8个距离处（20km、30km、40km、50km、60km、70km、80km、100km）采样点进行全空间的模拟。

表6-2　不同的采样点布置方案的相似度计算结果　　单位:%

采样点方案	L_{20}	L_{30}	L_{40}	L_{50}	L_{60}	L_{70}	L_{80}	L_{100}
1	—	61.23	65.23	72.56	75.38	78.34	86.59	—
2	—	—	73.29	75.25	75.42	78.95	86.99	—
3	—	61.93	66.34	72.91	79.65	83.26	—	—
4	—	71.35	—	79.34	81.79	78.31	87.86	—
5	—	63.51	66.67	82.23	86.51	—	89.51	—
6	—	63.27	79.16	85.47	—	88.14	91.27	—
7	—	70.98	80.26	—	85.37	89.76	87.63	—

6.3　基于MM-VIT模型的全空间非均匀蒸发波导反演

6.3.1　网络整体流程

如图6-3所示，MM-VIT模型架构包括三个部分：用于提取特征Transformer编码层、Transformer解码层和把feature map还原成输出的多尾数据重构层。

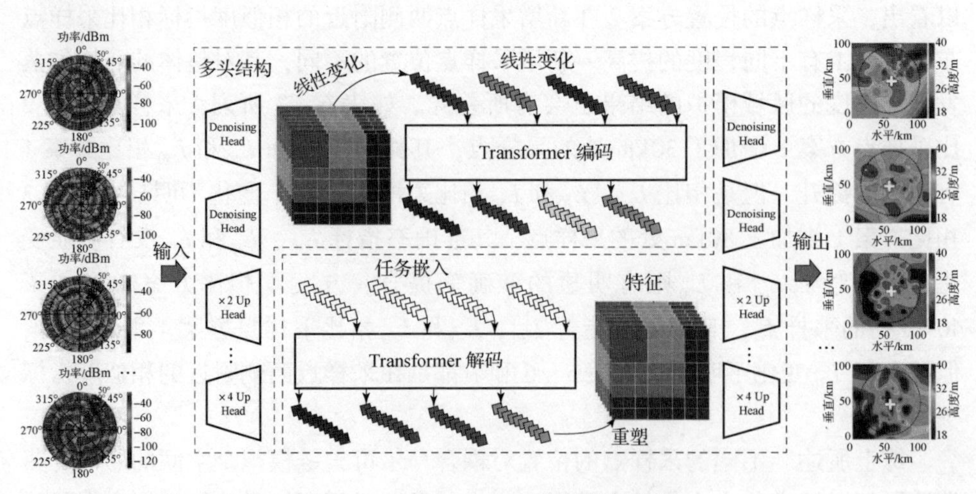

图6-3　MM-VIT网络整体架构图

1. Transformer 编码层

为了应对全方位雷达回波图处理任务，使用了一种多头结构来进行任务处理，其中每个头部由三个卷积层组成。头部要完成的任务可以描述为 $f_H = H^i(x)$，式中：x 为输入图像；f 为第 i 个头部的输出。

在输入 Transformer 前，需要将头部输出的特征图分成一个个 patch，同时还需要加入位置编码信息，与 ViT 不同，这里直接相加就可以作为 Transformer 编码器的输入了，不需要作线性变换：

$$\begin{gathered} y_0 = [E_{p1} + f_{p1}, E_{p2} + f_{p2}, \cdots, E_{pN} + f_{pN}], \\ q_i = k_i = v_i = \mathrm{LN}(y_{i-1}), \\ y'_i = \mathrm{MSA}(q_i, k_i, v_i = \mathrm{LN}(y_{i-1}), \\ y_i = \mathrm{FFN}(\mathrm{LN}(y'_i)) + y'_i, (i = 1, 2, \cdots, l) \\ [f_{E_1}, f_{E_2}, \cdots, f_{E_N}] = y_l, \end{gathered} \tag{6.2}$$

式中：l 为编码器中的层数；MSA 为传统 Transformer 模型中的多头注意力模块；LN 为层的规范化；FFN 为前馈神经网络，其中包含两个全连接层。

2. Transformer 解码层

Transformer 解码器由两个多头自注意（MSA）层和一个前馈网络（FFN）组成。使用特定于任务的嵌入作为 decoder 的额外输入。这些特定任务的嵌入 $E_t^i \in R^{P2 \times C}$，$i = 1, 2, \cdots, N_t$ 为学习不同任务解码特征。最后解码得到大小为 $P^2 \times C$ 的 N 个特征重塑为大小为 $C \times H \times W$ 的特征 f_D。解码器的计算公式如下：

$$\begin{gathered} z_0 = [f_{E_1}, f_{E_2}, \cdots, f_{E_N}], \\ q_i = k_i = \mathrm{LN}(z_{i-1}) + E_t, v_i = \mathrm{LN}(z_{i-1}), \\ Z'_i = \mathrm{MSA}(q_i, k_i, v_i) + z_{i-1}, \\ q'_i = \mathrm{LN}(Z'_i) + E_t, k'_i = v'_i = \mathrm{LN}(z_0), \\ Z''_i = \mathrm{MSA}(q'_i, k'_i, v'_i) + Z'_i, \\ Z_i = \mathrm{FFN}(\mathrm{LN}(z''_i)) + Z''_i, i = 1, 2, \cdots, l \\ [f_{D_1}, f_{D_2}, \cdots, f_{D_N}] = y_l \end{gathered} \tag{6.3}$$

3. 多尾数据重构层

尾部的性质与头部相同，使用多个尾部来处理非均匀大气波导图重构任务。计算公式是由特定任务确定的图像大小为 $3 \times H' \times W'$ 的结果。由于全空间的雷达回波的图像具有丰富的纹理和颜色信息。首先移除语义标签，其次手动从这些未标记的图像中合成各种损坏的图像，并针对不同的任务使用各种降级

模型。在有标签的模式下模型的损失函数可表示为

$$L_{\text{supervised}} = \sum_{i=1}^{N_t} L_1(\text{IPT}(I_{\text{corrupted}}^i), I_{\text{clean}}) \tag{6.4}$$

式中：L_1 为重建图像的常规 L_1 损失；$I_{\text{corrupted}}^i$ 为任务 i 的损坏图像。

由于退化模型的多样性，无法为所有的图像处理任务合成图像。并且在实践中可能会存在各种各样的噪声。为此，应进一步增强生成模型的泛化能力。

与预训练的自然语言处理的语言模型相似，图像块之间的关系也提供了相应语义信息。图像场景中的 patch 可以看作自然语言处理中的一个词。因此，引入对比学习来学习通用特征，使预训练的模型能够用于未知的学习任务。对比学习的目标是最小化来自相同图像的 patch 特征之间的距离，同时最大化来自不同图像的 patch 之间的距离。对比学习的损失函数的公式如下：

$$l(f_{D_{i1}}^j, f_{D_{i2}}^j) = -\log \frac{\exp(d(f_{D_{i1}}^j, f_{D_{i2}}^j))}{\sum_{k=1}^{B} \prod_{k \neq j} \exp(d(f_{D_{i1}}^j, f_{D_{i2}}^k))}, \tag{6.5}$$

$$L_{\text{constrastive}} = \frac{1}{\text{BN}^2} \sum_{i_1=1}^{N} \sum_{i_2=1}^{N} \sum_{j=1}^{B} l(f_{D_{i1}}^j, f_{D_{i2}}^j) \tag{6.6}$$

式中，$d(a,b)$为余弦相似性。此外，为了充分利用监督和自监督信息，L_{IPT}作为 MM－VIT 模型的最终的目标函数。λ 用来平衡对比损失和监督损失。损失函数调整为

$$L_{\text{IPT}} = \lambda \cdot L_{\text{constrastive}} + L_{\text{supervised}} \tag{6.7}$$

6.3.2 网络性能分析

在本部分，首先介绍了非均匀蒸发波导空间变化的数据集，随后介绍了 MM－VIT 模型与其他基本模型反演结果的对比，最后对反演的结果的准确率进行了分析和说明。

1. 试验数据介绍

用于非均匀蒸发波导全空间反演的数据集包含了 1400 组非均匀蒸发波导高度的空间变化图。海杂波功率图通过 2.4 节抛物方程及海杂波功率计算公式计算。训练/测试/验证数据集被划分为 70%/20%/10% 的数据样本。模型的准确率使用 2 组全空间的海杂波功率数据集。雷达系统应用的参数如表 6－3 所列。

表6-3 雷达参数

参数	数值	参数	数值
雷达发射频率/GHz	2.84	功率/dBm	91.40
天线增益/dB	52.80	极化方式	VV
天线高度/m	30.78	天线仰角/(°)	0.0
波瓣宽度/rad	0.39	距离分辨率/m	600

2. MM-VIT模型网络参数

MM-VIT模型的网络参数如表6-4所列。我们试验中应用的计算机系统是Windows Server2016标准版，和Intel(R)Xeon(R)CPU E5-2650 V4@2.20 GHz及两个TESLA的GPU。应用Adam优化器进行300轮的网络模型的训练。初始的学习率被调整为5×10^{-5}。

表6-4 MM-VIT模型的网络参数

层	网络参数
Head Conv2d ResBlock1&2 VisionTransformer	Kernel Size = (3,3),Stride = (1,1),padding = (1,1) Conv2d(Kernel Size = (5,5),Stride = (1,1),padding = (2,2)),Relu(inplace = True)
Linear_encoding Mlp_head (mlp_head):Sequential query_embed MultiheadAttention	Linear(in_features = 576,out_features = 576,bias = True) Linear(in_features = 576,out_features = 2304,bias = True) Dropout(p = 0,inplace = False); Relu() Linear(in_features = 2304,out_features = 576,bias = True) Dropout(p = 0,inplace = False) Embedding(1,147456)
out_proj Linear1 dropout Linear2 Norm1&2 Dropout1&2 Tail layer	Linear(in_features = 576,out_features = 576,bias = True) Linear(in_features = 576,out_features = 2304,bias = True) Dropout(p = 0,inplace = False) Linear(in_features = 2304,out_features = 576,bias = True) LayerNorm((576,),eps = 1e-05,elementwise_affine = True) Dropout(p = 0,inplace = False)
Conv2d*3 PixelShuffle*2	Conv2d(kernel_size = (3,3),stride = (1,1),padding = (1,1)) upscale_factor = 2

图6-4展示了在没有多头和多尾和采用传统VIT模型的模型收敛的程度，明显可以看出，具有多头和多尾的网络模型结构能够更快的收敛，并且能够更快地映射出非均匀蒸发波导剖面的全空间变化。这个结果也可以清晰地说明对于多头多尾模型的有效性及必要性。

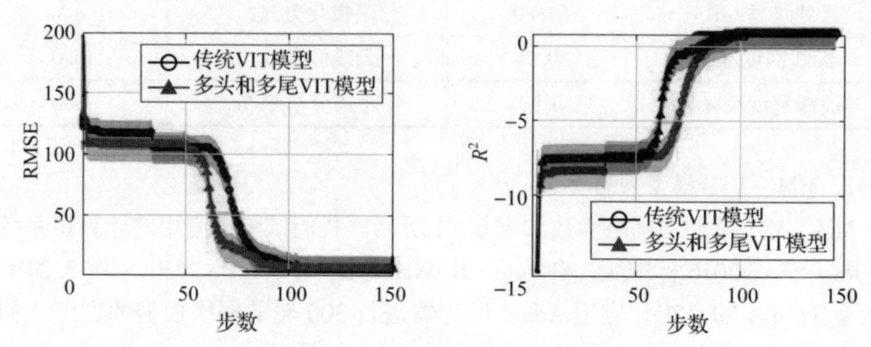

图6-4 对于传统VIT模型和具有多头和多尾VIT模型的RMSE和R^2（见彩图）

模型在训练的过程中，能够合理地划分训练数据及测试数据的比例对模型的训练结果起到至关重要的作用。在数据划分方面，应合理地划分训练及测试数据的比例，以免由于数据集划分过程中带来的预测偏差。如图6-5所示，对比了模型在训练和调优阶段在数据集的比例在60：40、65：35、70：30、80：20这四个经典的训练/测试集划分比率的RMSE。这些实验的结果表明，80：20的训练/测试的数据集的比例比其他的两个划分数据集比率收敛得更快、更准确。因此，本篇文章的训练和测试数据集的划分比例为80：20。

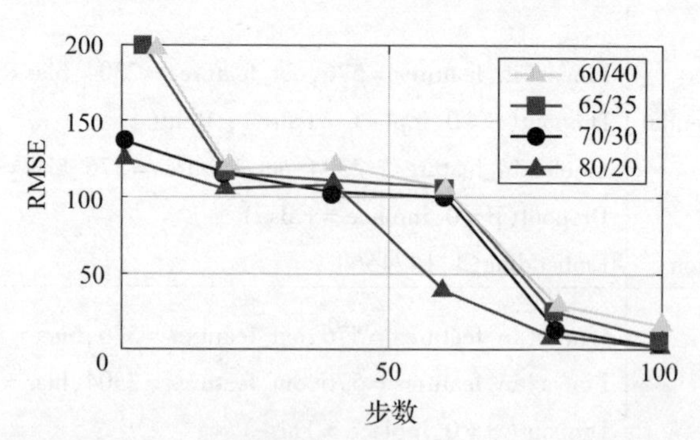

图6-5 当模型的训练/测试数据的比例为60：40、65：35、70：30、80：20时 MM-VIT模型的RMSE值（见彩图）

如表6-5所列，表明了超参数λ对于平衡公式的两个参数值的变化。当$\lambda=0$时，模型的训练的方式是仅采用监督的学习方式，此时模型反演的RMSE值为3.62dB。当$\lambda=0.1$，引入对比损失用于自监督学习，模型反演的损失值能够达到3.28dB，相比$\lambda=0$时，模型的损失值误差减少了0.34dB。这些结果进一步说明了引入对比学习对于模型训练的有效性。

表6-5 超参数λ对模型准确率的影响分析

λ	0	0.05	0.1	0.2	0.5
RMSE	3.62	3.57	3.28	3.56	3.36

如表6-6所列，为了更好地验证模型的有效性和高效性，选择了两组模拟数据进行模型结果的验证，采用6折及10折交叉验证，模型参数，模型运行时间，模型计算的复杂度五种方式进行模型结果的验证，对于经典模型，运用经典的模型官方模型超参数的设置过程，模型训练的步数为500个epoch。实验的结果如表6-6所列，在对模型的六折和十折交叉验证的过程中，提出的MM-VIT模型相比其他的最先进的反演模型在模型的运行时间和轻量级的模型参数方面都取得了最优的结果。相比传统的全连接网络，由于过多的网络层数会带来大量的模型参数量，过大的网络参数会使网络模型带来巨大的计算量和模型参数量，在高维度的非均匀蒸发波导反演的过程中这样会消耗大量的计算资源，从而影响整体模型反演的有效性。

表6-6 反演模型结果对比

模型	MAE($K=6$)	MAE($K=10$)	参数(M)	复杂度(G)	时间/s
DNN	5.36	2.97	593.27	0.9321	332880
CNN	2.67	1.95	493.25	0.8916	301254
VGGNet16	2.54	1.92	159.35	0.9725	717083
ResNet	2.49	1.88	112.93	4.9632	4582901
MobileNet	2.39	1.82	11.359	0.569	180072
Transformer	2.24	1.73	7.863	1.139	846039
FCCT-Transformer	2.21	1.69	9.993	2.989	248565
MM-VIT	0.91	0.69	6.039	2.693	179215

如图6-6和图6-7所示，为了对比反演模型的有效性，选取了一组仿真数据进行模型有效性验证。为了更好地说明反演结果的准确性，用红色方框圈出了验证模型的有效区域。相比全连接网络，卷积神经网络取得了较优的反演结果，在卷积神经网络中使用了3×3的卷积核进行网络模型的卷积操作。VGGNet16作为卷积神经网络的变体模型，在反演模型的准确率和有效性方面

都得到了有效的改善。ResNet 网络由于引入了残差网络模块，模型的参数及模型的复杂度参数得到进一步提升。尽管残差网络模块的提出能够优化模型反演的精度及模型的参数。但是过多的堆栈的网络层数依然会带来大量的计算时间，而对于 MobileNet 网络基于深度可分离卷积的网络结构，针对每个输入通道采用不同的卷积核，可以明显降低模型参数和复杂度。MobileNet 网络能够大幅度降低模型的参数，但是对于大量的非均匀蒸发波导的反演数据，MbileNet 网络对大量的数据的适配性能却没有 Transformer 模型理想。Transformer 模型由于其多头注意力机制的叠加，能够实现输入的自适应和高阶空间交互的空间建模，并且通过直接的全局关系建模，可以扩大图像的感受野，获取更多的网络的上下文的信息，由于自注意力机制对模型具有更多的特征汇聚的能力，模型的全局性更强。FCCT - Transformer 在 Transformer 网络基础之上进行改进，将扩张因果卷积代替传统卷积核，并加入了 focus 机制来优化 Transformer 网络，使模型运行的反演模型的准确率大幅度降低。MM - VIT 作为 Transformer 网络的变体模型，采用了多头多尾的模型设计，在反演误差、模型参数和模型复杂度方面都取得了最优的反演结果。

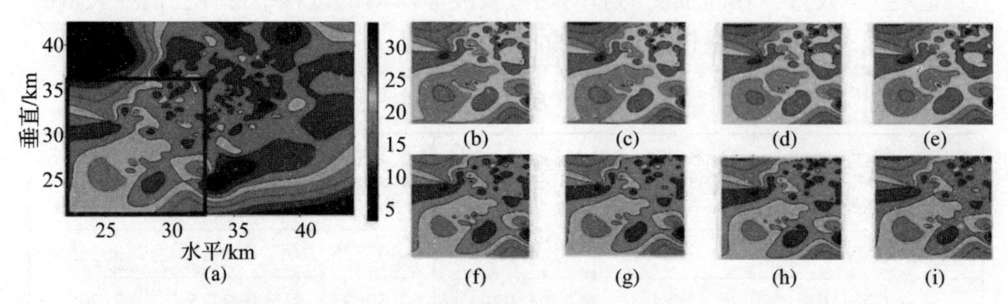

图 6-6　运用 DNN、CNN、VGGNet、ResNet、MobileNet、Transformer、FCCT - Transformer，MM - VIT 反演模拟数据集 1 的模型准确率对比（见彩图）

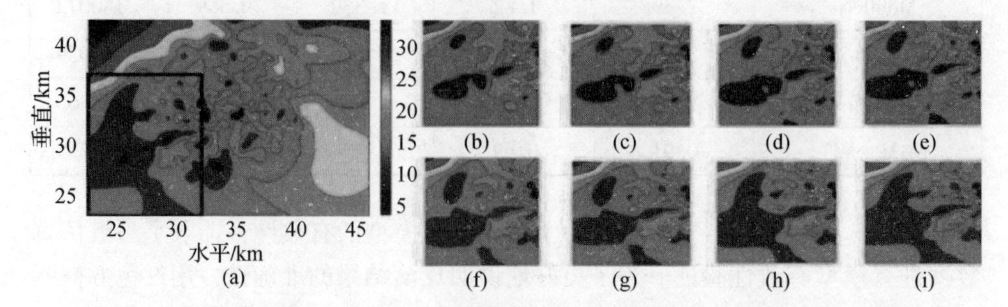

图 6-7　运用 DNN、CNN、VGGNet、ResNet、MobileNet、Transformer、FCCT - Transformer；MM - VIT 反演模拟数据集 1 的模型准确率对比（见彩图）

为了进一步验证模型的有效性，将另外一组仿真数据用于反演模型的验证，如图 6 – 8 所示，将反演的有效区域用深蓝色的方框进行标出，通过图 6 – 8 中两种模型的评价方式，反演的结果很好地说明了运用提出的 MM – VIT 模型能够很好地重构出反演的蒸发波导高度。

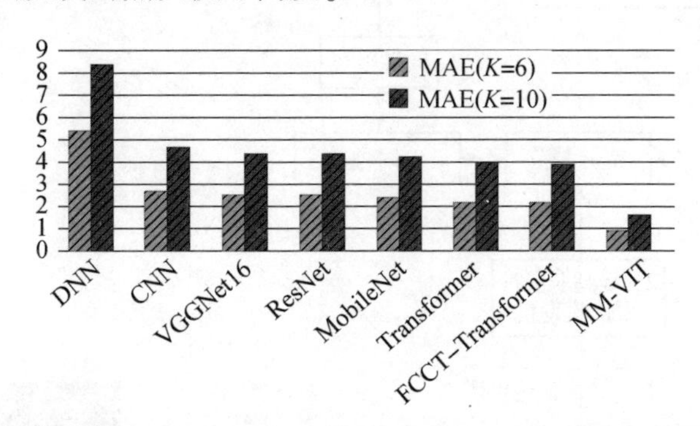

图 6 – 8　运用 DNN、CNN、VGGNet16、ResNet、MobileNet、Transformer、FCCT – Transformer、MM – VIT 反演模型准确率的对比（见彩图）

6.4　全方位导航雷达安装部署

基于全空间大气波导反演，进行船用导航雷达系统升级，经过改造升级，增加数字化反演功能，以实现基于海杂波数据的大气波导反演。进一步地，进行天线系统、收发系统、显控系统的软硬件改造，以实现超视距雷达回波的录取。

6.4.1　系统组成框图

系统由导航雷达分系统、雷达信号反演分系统和超视距抛物天线组成。其中，导航雷达分系统包含导航雷达天线、收发机、雷达主处理机、雷达显示与操控、复合电缆等单元。雷达信号反演分系统包含雷达中频采集、滤波与解调、控制与记录软件系统。超视距抛物天线包含高增益雷达天线、雷达馈线和固定抱杆。系统组成框图如图 6 –9 所示。

6.4.2　全方位导航雷达软件安装部署

如图 6 – 10 所示，对采集的雷达图像进行显示，以实现对大气波导环境下的回波质量与成像进行初步判断。为了减少 CPU 的负荷，图像显示采用了低分辨率低灰度等级。从回波成像可以观察图像方位是否存在干扰和杂波，图像零位是否存在大气波导回波飘动，通过回波信号的显示，能够初步判断大气波导的有无问题，以及雷达回波的杂波功率数据能够实现全方位大气波导的反演。全

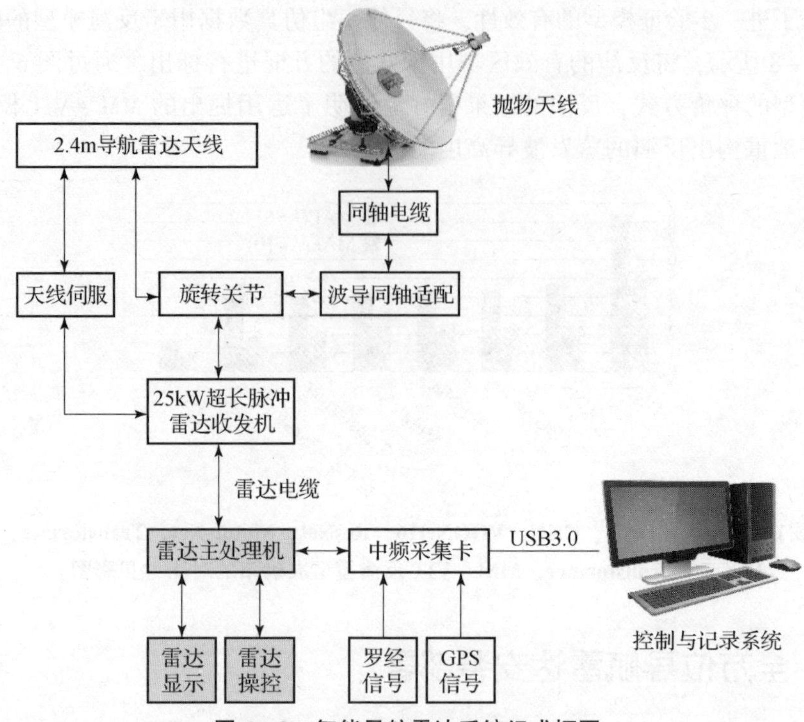

图 6－9　智能导航雷达系统组成框图

方位雷达回波数据包含距离回波数据和方位回波数据，距离回波数据能够采集在非均匀大气波导环境下的单一方位不同距离处的雷达回波数据，方位回波数据可以采集雷达全方位的回波数据。通过全方位导航雷达的回波数据及全方位导航雷达反演模型的嵌入，即可实现全方位非均匀大气波导的有效反演。

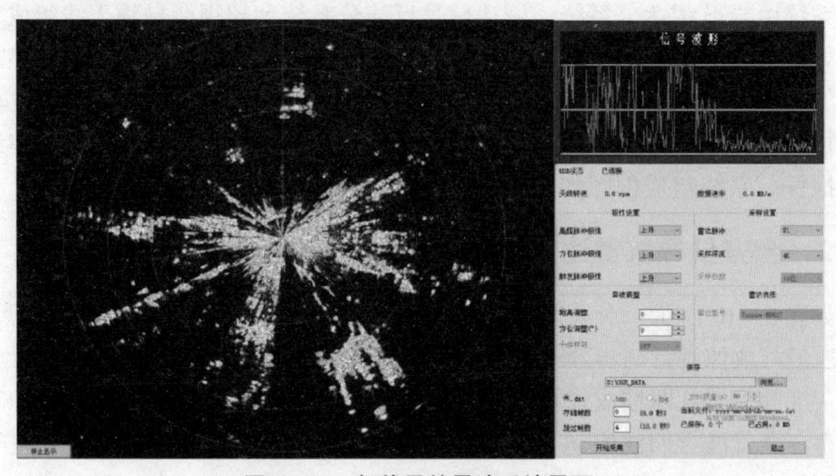

图 6－10　智能导航雷达系统界面

6.5 本章小结

在反演实际全空间非均匀蒸发波导的过程中，由于海上低空范围内的非均匀蒸发波导数据量有限，为了提升全空间的非均匀蒸发波导的空间反演的准确率和有效性，本书提出了多头多尾注意力机制 VIT（MM - VIT）模型，该模型考虑到了非均匀蒸发波导图与海杂波回波功率图之间的非线性映射关系，将原有的 Transformer 网络进行优化，提出了通过多头多尾的 Transformer 网络结构来构建非均匀蒸发波导的全空间变化图和海杂波功率图的非线性映射。为了表明提出的 MM - VIT 模型对于非均匀蒸发波导剖面反演的有效性，将两组模拟的非均匀蒸发波导高度进行模型验证，反演模型的准确率超过了现有最先进的反演模型的准确率。

船用导航雷达是舰载通用装备，在其常态化工作过程中可获取全方位的雷达海杂波回波数据，通过雷达回波信息，并采用全方位大气波导的反演，即可实现大气波导环境的高精度快速反演，这是解决海上大气波导预测区域和预测速度限制的新途径。本书将训练好的全方位非均匀大气波导反演模型迁移到船用导航雷达，并介绍了船用导航雷达的系统结构及软件操作系统。从回波成像可以观察图像方位是否存在干扰和杂波，图像零位是否存在大气波导回波飘动，通过回波信号的显示，能够初步判断大气波导的有无问题，以及雷达回波的杂波功率数据能够实现全方位大气波导的反演。

全方位导航雷达对于大气波导反演的可行性还需要进行实际的海上试验。因此，未来的工作主要集中于进行实际海域实测试验，并根据试验结果改进和完善反演监测的方法。

参考文献

[1] TEPECIK C, NAVRUZ I. A novel hybrid model for inversion problem of atmospheric refractivity estimation[J]. AEU - International Journal of Electronics and Communications, 2018, 84: 258 - 264.

[2] GUO X, WU J, ZHANG J, et al. Deep learning for solving inversion problem of atmospheric refractivity estimation[J]. Sustainable Cities and Society, 2018, 43: 524 - 531.

[3] HAN K, XIAO A, WU E, et al. Transformer in transformer[J]. Advances in Neural Information Processing Systems, 2021, 34: 15908 - 15919.

[4] YUAN L, CHEN Y, WANG T, et al. Tokens - to - token vit: Training vision transformers from scratch on imagenet[C]//Proceedings of the IEEE/CVF International Conference on Computer Vision. Montreal, 2021:

558 – 567.

[5] LIU Z, LIN Y, CAO Y, et al. Swin transformer: hierarchical vision transformer using shifted windows[J]. IEEE Transactions on Pattern Analysis and Machine Intelligence, 2021, 43(12): 3017 – 3024.

[6] LEVY M F. Parabolic equation modelling of propagation over irregular terrain[J]. Electronics Letters, 1990, 26(15): 1153 – 1155.

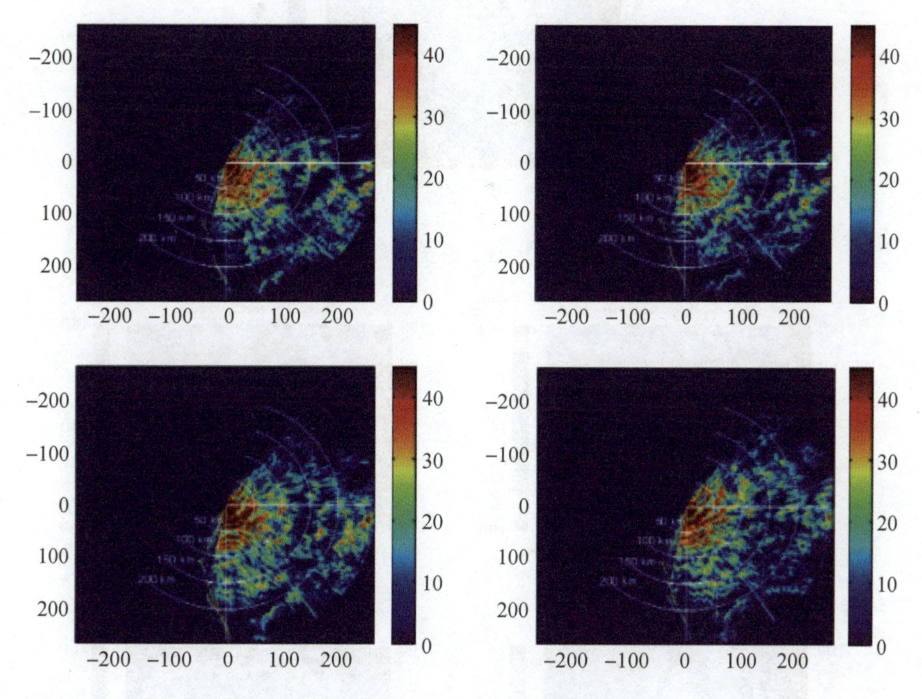

图 1-2 岸基雷达超视距海杂波图[43]

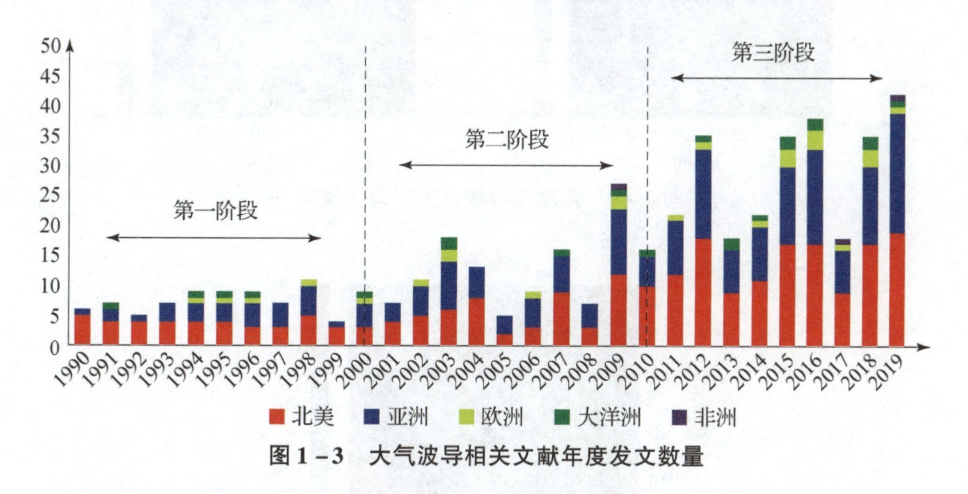

图 1-3 大气波导相关文献年度发文数量

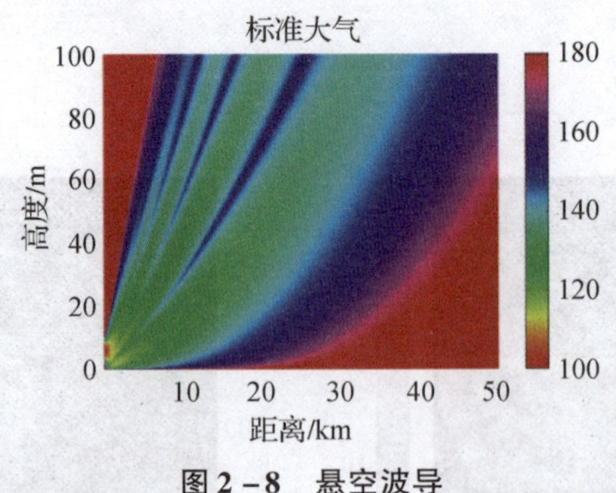

图 2－8　悬空波导

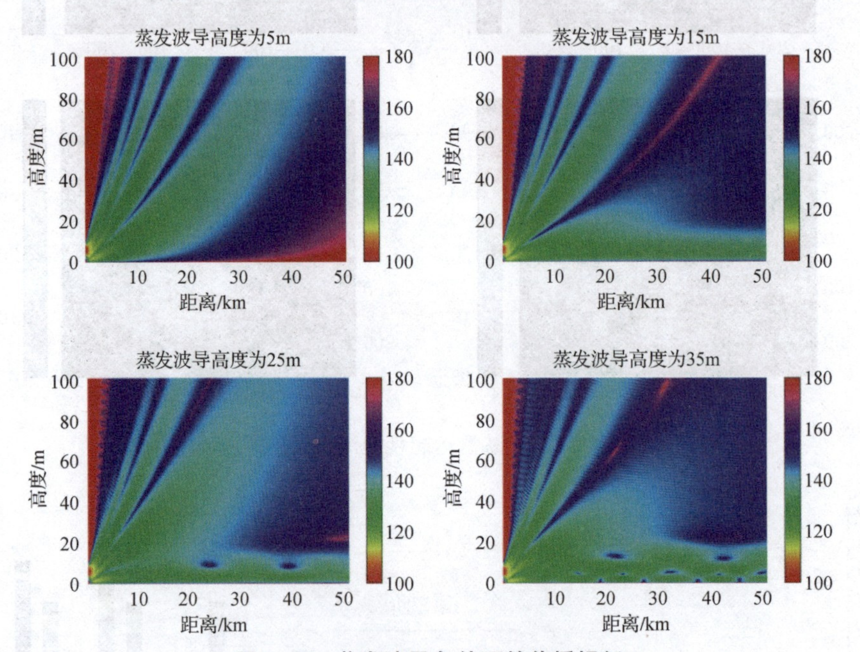

图 2－9　蒸发波导条件下的传播损耗

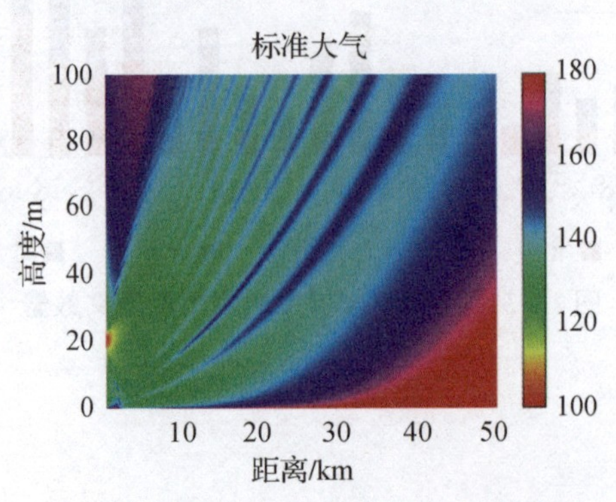

图 2－10　蒸发波导条件下的传播损耗

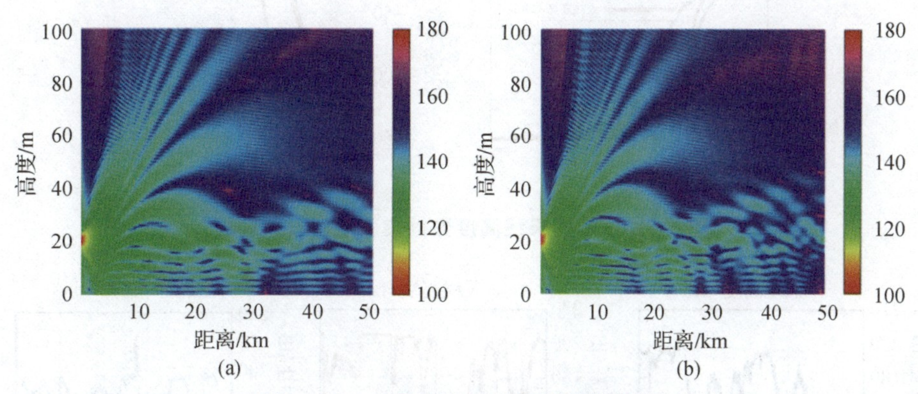

图 2-11 表面波导条件下的传播损耗

(a)无基础层表面波导传播损耗;(b)有基础层表面波导传播损耗。

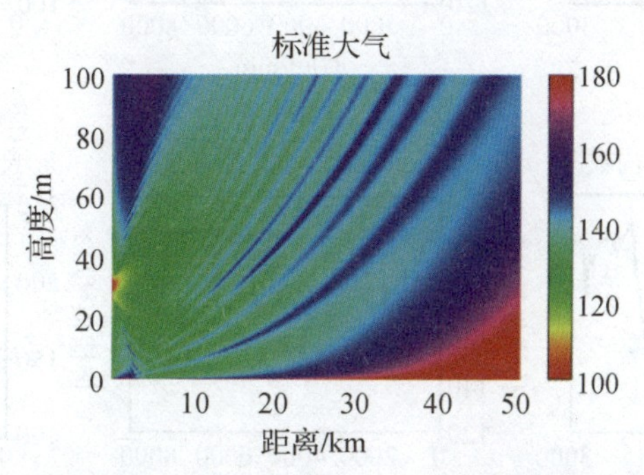

图 2-12 标准大气条件下的传播损耗

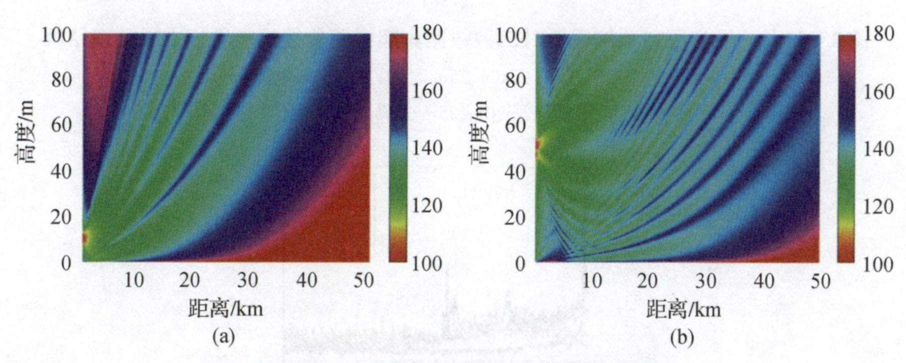

图 2-13 表面波导条件下的传播损耗

(a)低空悬空波导传播损耗;(b)高空悬空波导 2 传播损耗。

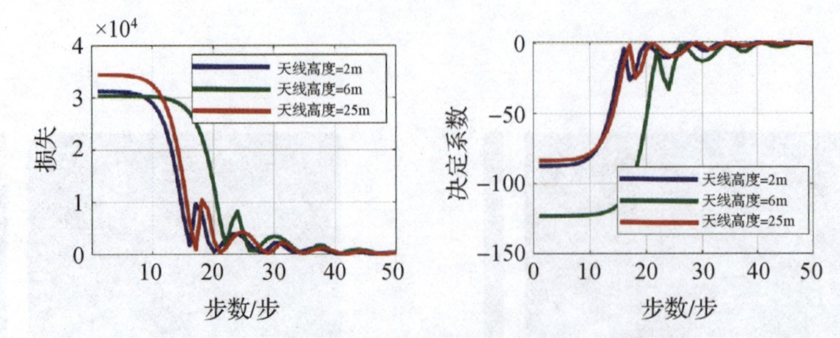

图 3-10　不同天线高度数据集下模型收敛过程

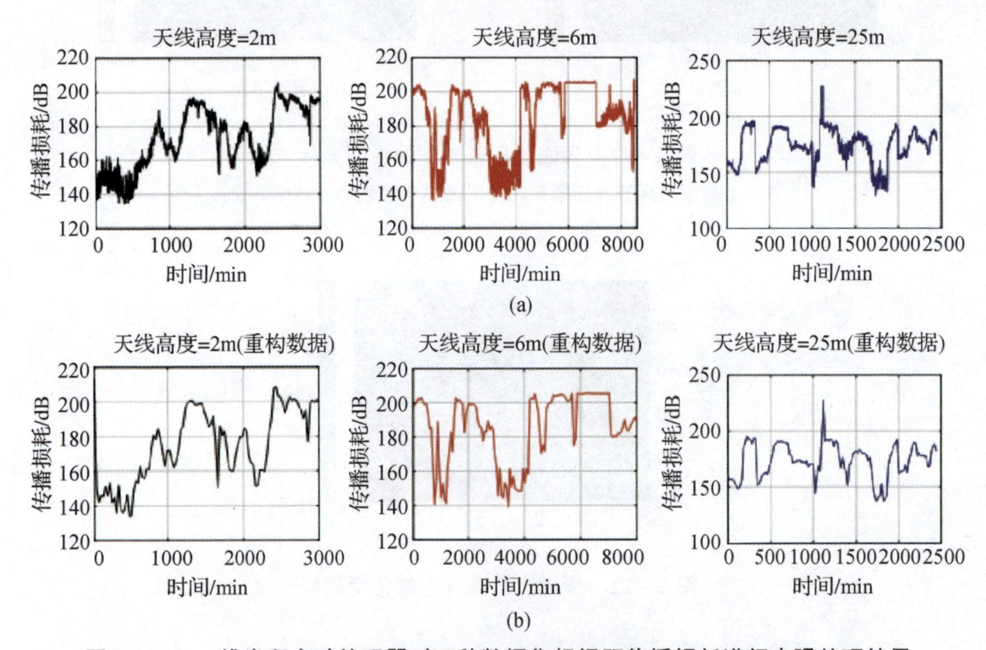

图 3-11　一维卷积自动编码器对三种数据集超视距传播损耗进行去噪处理结果

(a)天线高度分别为 2m、6m、25m 时的原始超视距传播损耗；

(b)天线高度分别为 2m、6m、25m 去噪后超视距传播损耗。

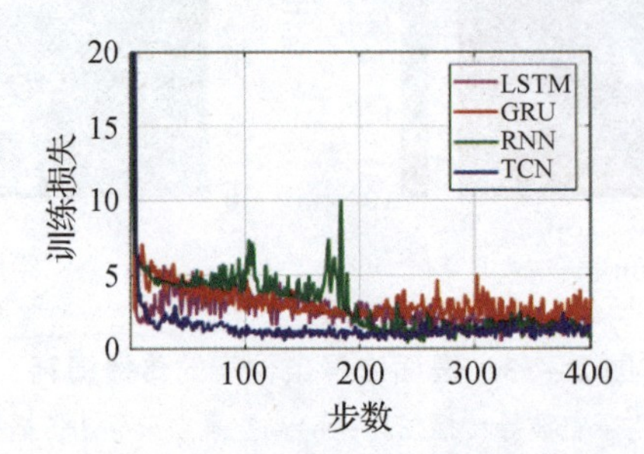

图 3-15　4 种不同模型在天线高度为 2m 数据集的短时预测时间区间的训练损失值的变化

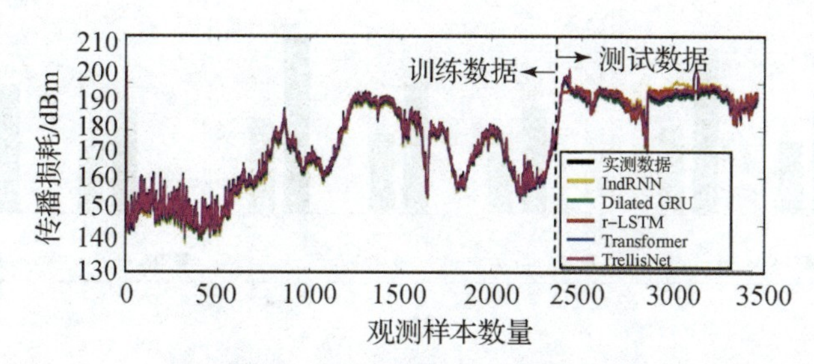

图 3-16　天线高度为 2m 数据集上 LSTM、GUR、CNN、TCN 四种模型在训练集和在测试集上的预测结果

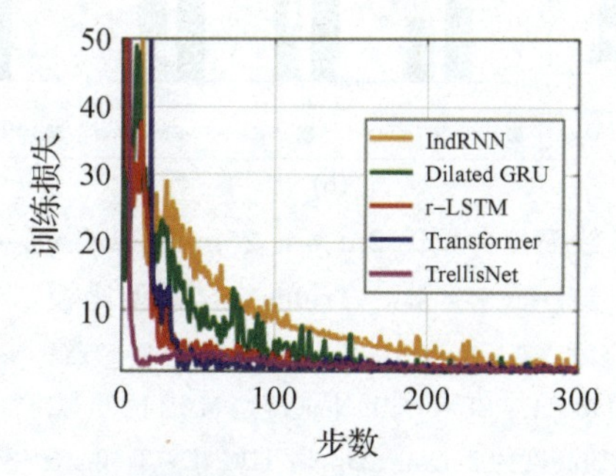

图 3-17　随着迭代次数的增加的 IndRNN、Dilated GRU、r-LSTM、Transformer、TrellisNet 模型在训练过程中损失值的变化

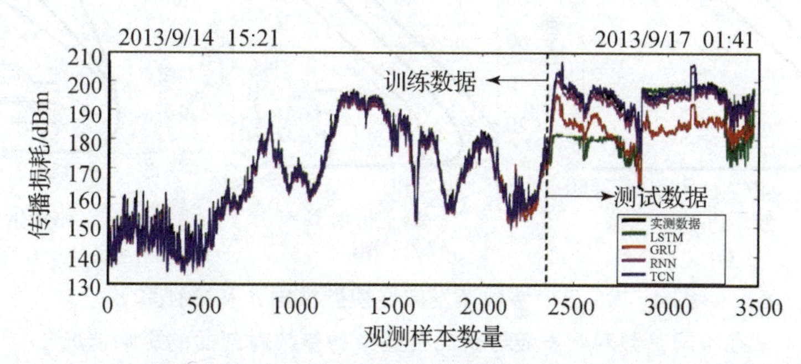

图 3-18　天线高度为 2m 数据集上 IndRNN、Dilated GRU、r-LSTM、Transformer、TrellisNet 五种模型在训练集和测试集上的预测结果

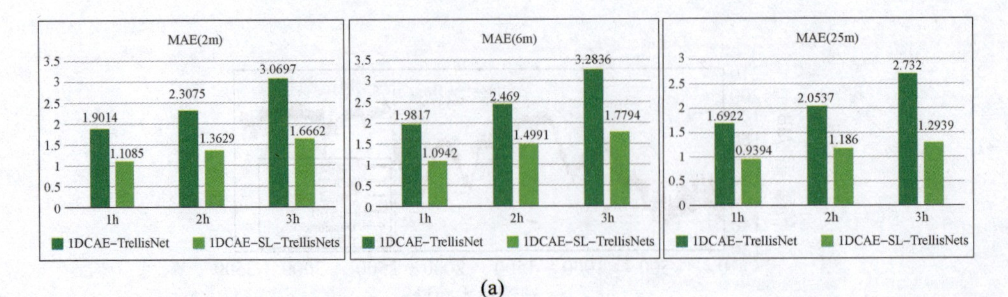

(a)

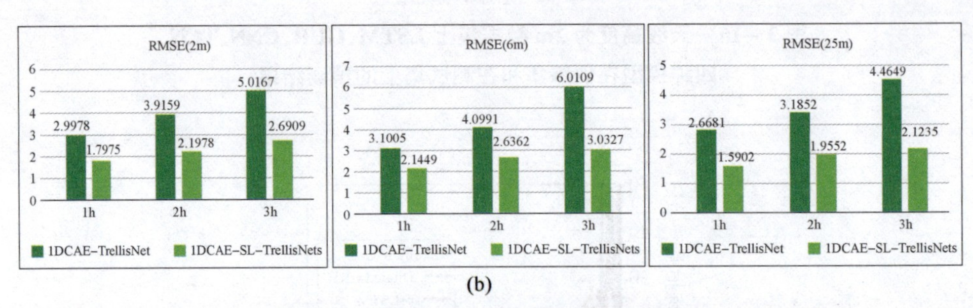

(b)

图 3–19　天线高度分别为 2m、6m、25m 时 1DCAE–TrellisNet、1DCAE–SL–TrellisNets 模型比较

(a)天线高度为 2m、6m、25m 数据集时 1DCAE–TrellisNet 模型与 1DCAE–SL–TrellisNets 模型 MAE 值的对比；

(b)天线高度为 2m、6m、25m 时 1DCAE–TrellisNet 模型与 1DCAE–SL–TrellisNets 模型 RMSE 值的对比。

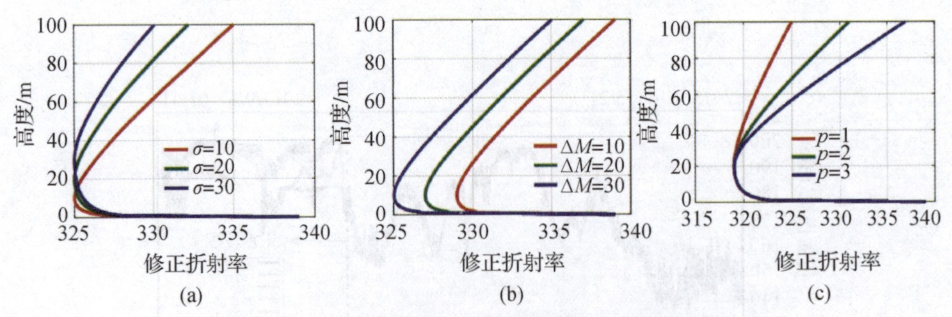

图 4–3　三个参数蒸发波导模型根据 δ 和 ΔM 和 ρ 在不同参数对蒸发波导剖面模型中各参数对剖面的影响情况

(a)$\rho=1.2,\Delta M=12$；(b)$\rho=1.2,\delta=20$；(c)$\Delta M=12,\delta=20$。

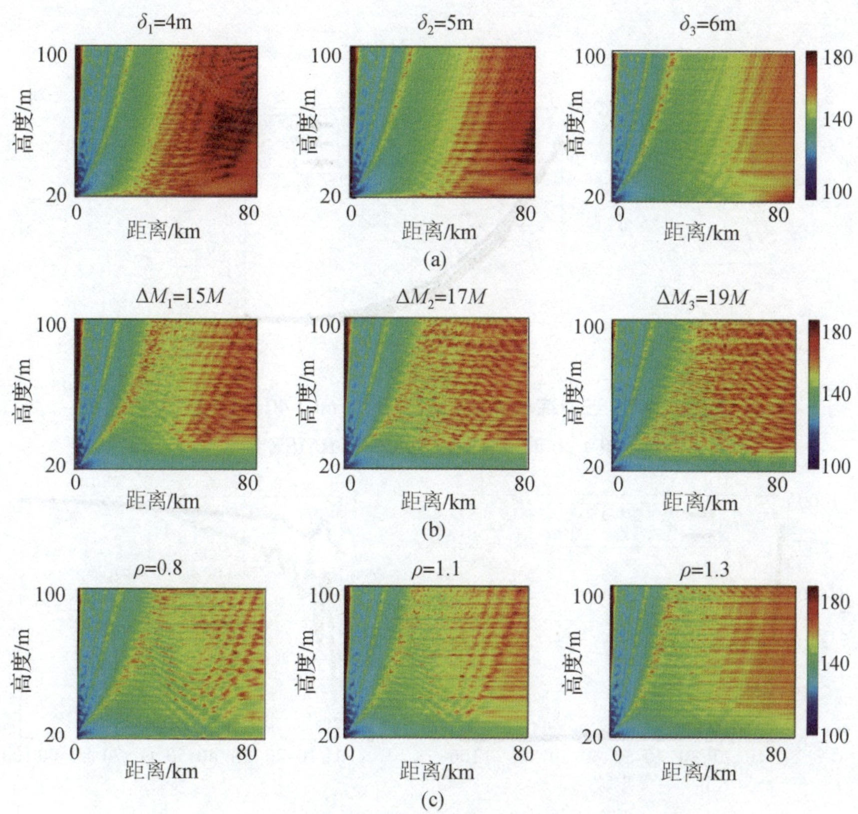

图 4-4　蒸发波导高度 δ、波导强度 ΔM 及
波导顶部梯度调节因子 ρ 变化引起的传播损耗影响

(a) ΔM = 15M - units, ρ = 1; (b) δ = 20m, ρ = 1; (c) δ = 22m, ΔM = 12M - units

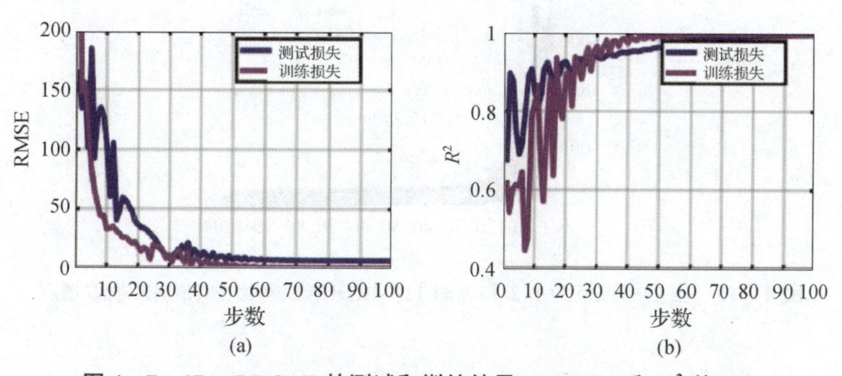

图 4-7　1D-RDCAE 的测试和训练结果 RMSE(a) 和 R^2 值(b)

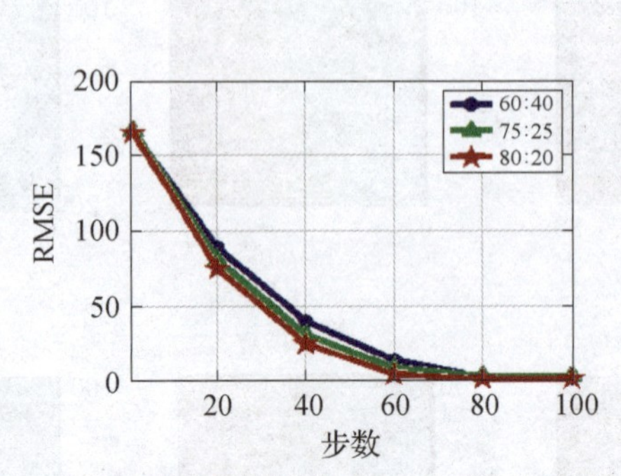

图4-8　当训练和测试比率分别为60：40、75：25和80：20时，1D-RDCAE的RMSE值

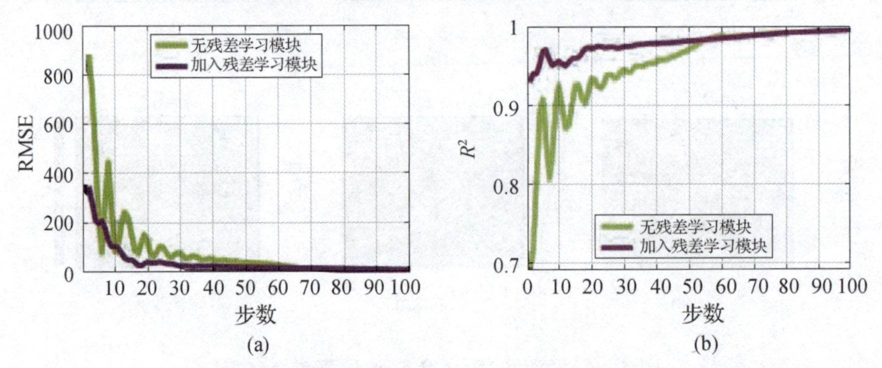

图4-9　有和没有残余学习块的1D-RDCAE的RMSE(a)和R^2值(b)

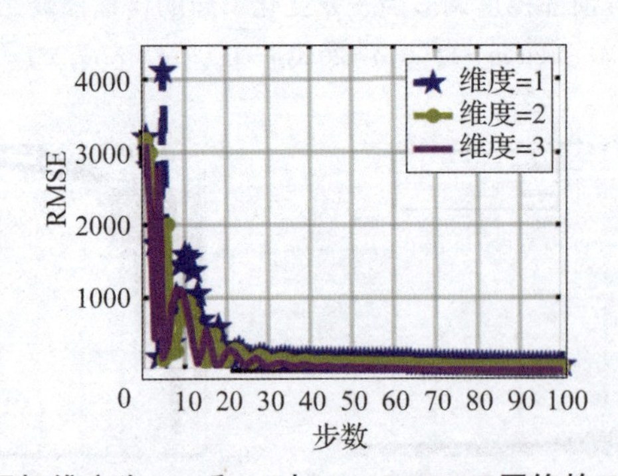

图4-11　当目标维度为1、2和3时1D-RDCAE网络的RMSE收敛情况

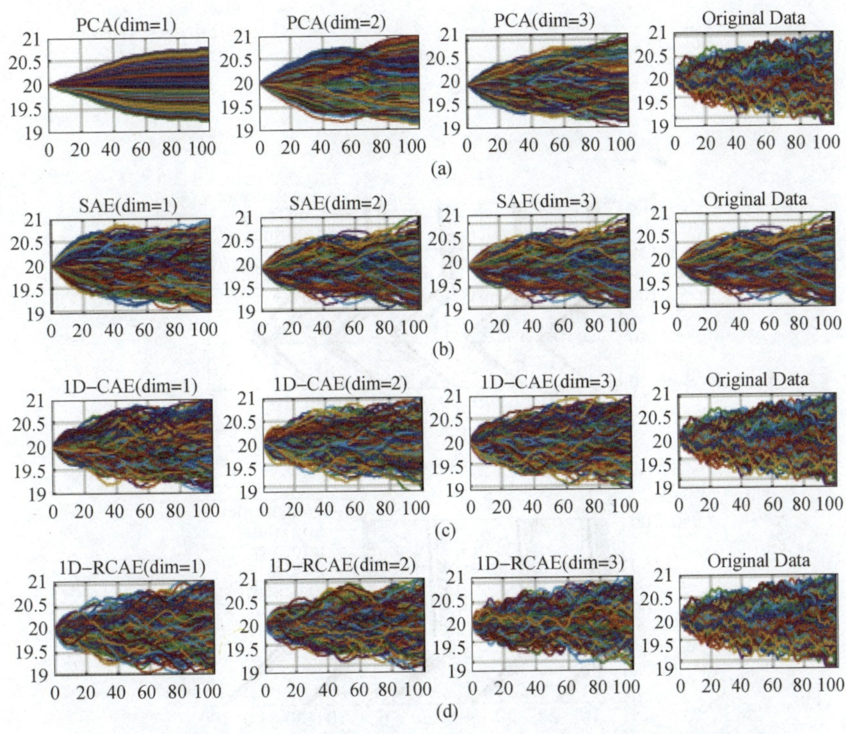

图 4-12　PCA(a)、堆栈自动编码器(b)、一维卷积自动编码器(c)和一维残差卷积自动编码器(d)的目标维度对重构数据的影响

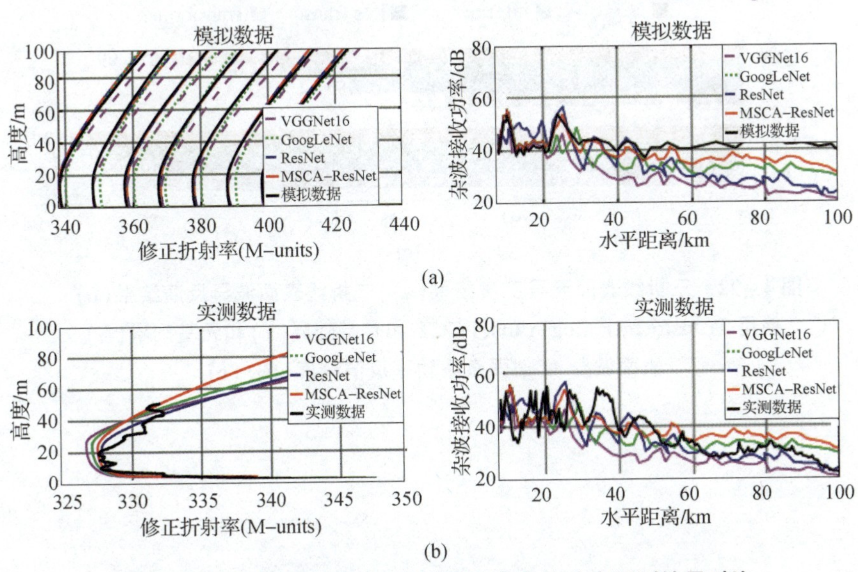

图 4-16　蒸发波导剖面反演结果及海杂波功率预测结果对比

(a)基于模拟数据的反演结果对比;(b)基于实测数据的反演结果对比。

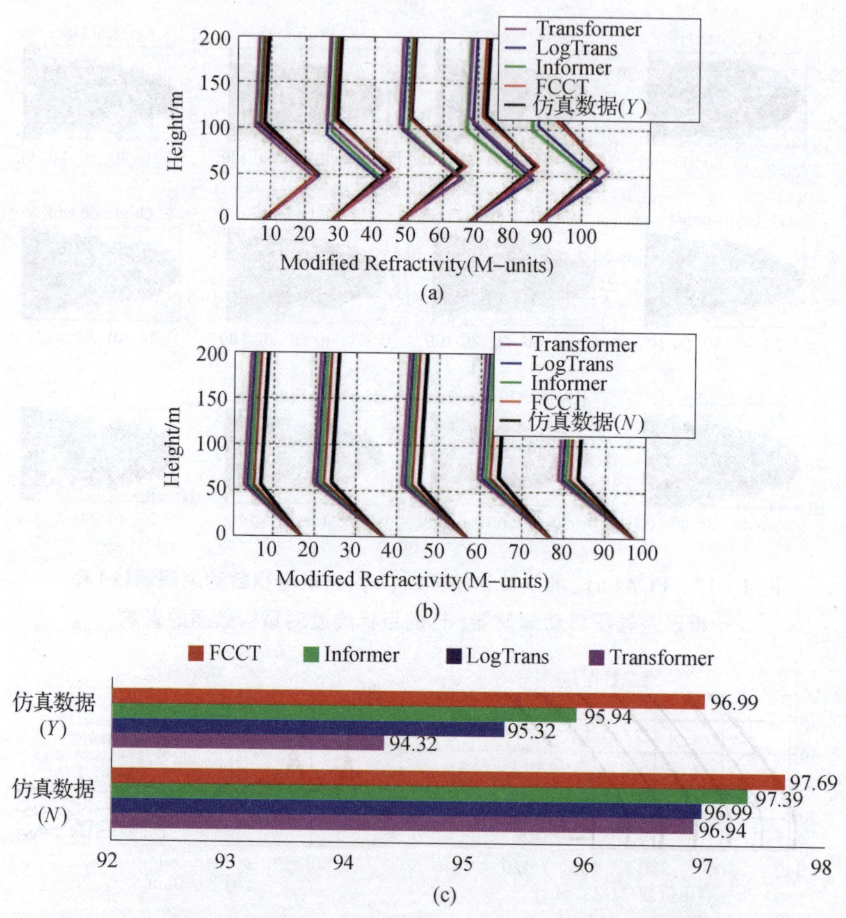

图 4-22　三折线表面波导反演结果(a);二折线表面波导反演结果(b);使用 Transformer、LogTrans、FCCT 和有基础层(*Y*)和无基础层(*N*)表面波导 *M* 剖面杂波功率反演精度(%)(c)

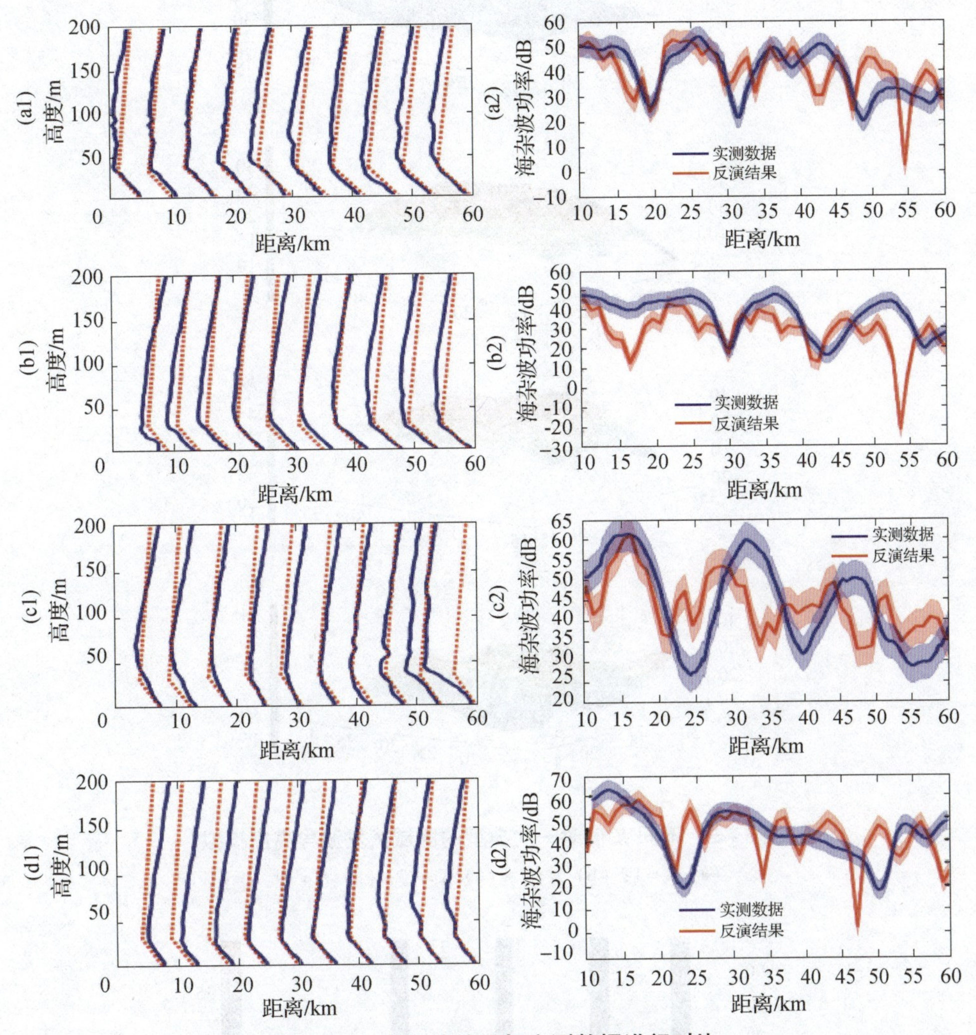

图 4－23　将反演结果与实测数据进行对比

左列(a1)～(d1) 的比较反演折射率（红色）和折射率 *M* 剖面的直升机探测数据（从上到下分别对应 12:26UT～12:50UT、12:52UT～13:17UT、13:19UT～13:49UT 和 13:51UT～14:14UT）和直升机测量的海杂波功率用蓝色标记。右列（a2）～(d2) 为反演的海杂波功率数据（红色），测量的雷达杂波功率（分别为 12:50UT、13:00UT、13:40UT 和 14:00UT）用蓝色标记。

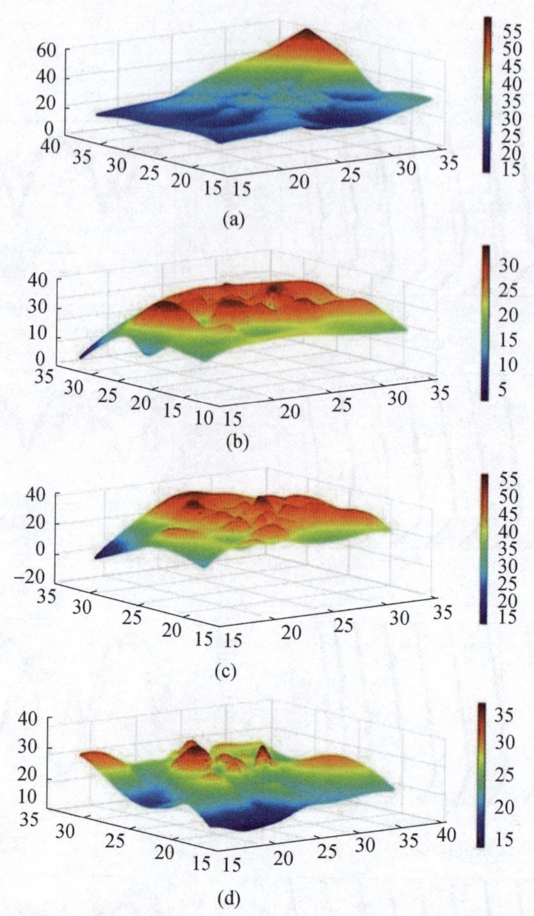

图 5-5 不同 K 值时一次典型的区域蒸发波导高度模拟

(a) $K=1$；(b) $K=7$；(c) $K=13$；(d) $K=19$。

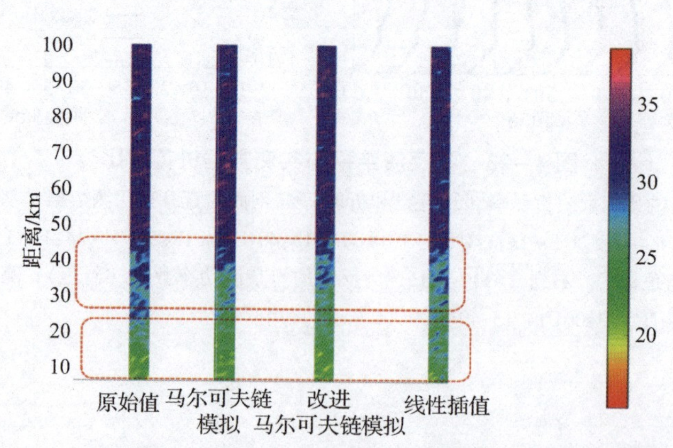

图 6-1 B（40km）距离处蒸发波导高度模拟结果与实测值误差

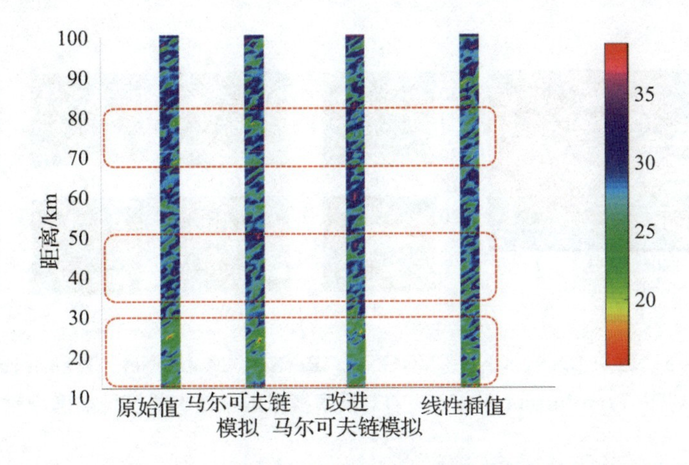

图 6-2　*G*（80km）距离处蒸发波导高度模拟结果与实测值误差

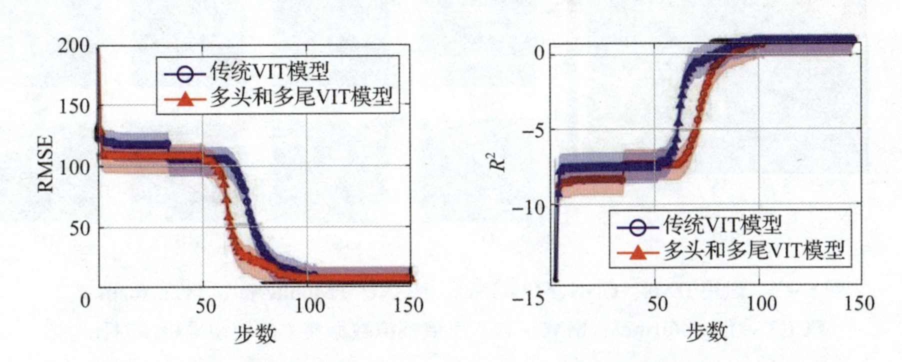

图 6-4　对于传统 VIT 模型和具有多头和多尾 VIT 模型的 RMSE 和 R^2

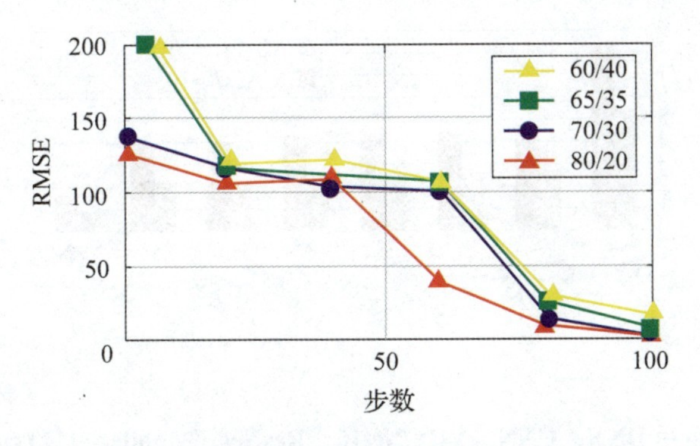

图 6-5　当模型的训练/测试数据的比例为 60：40、65：35、70：30、80：20 时 MM-VIT 模型的 RMSE 值

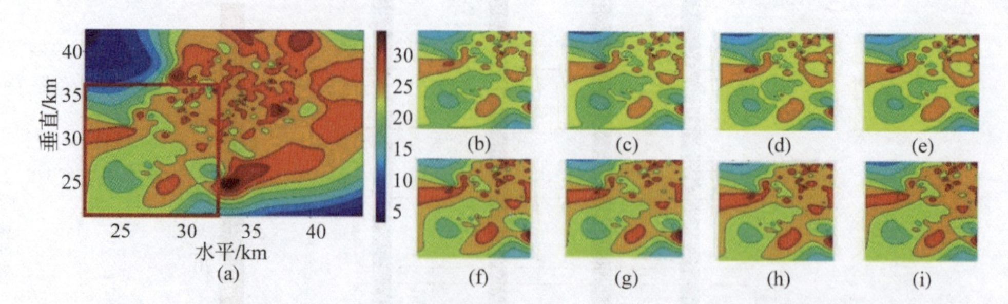

图 6 – 6　运用 DNN、CNN、VGGNet、ResNet、MobileNet、Transformer、FCCT – Transformer，MM – VIT 反演模拟数据集 1 的模型准确率对比

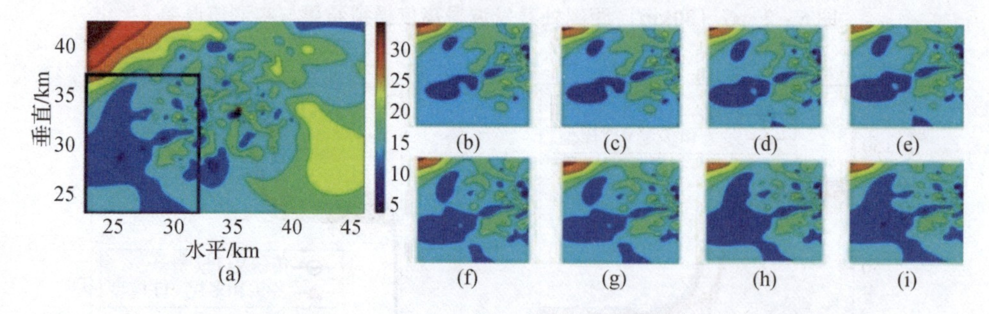

图 6 – 7　运用 DNN、CNN、VGGNet、ResNet、MobileNet、Transformer、FCCT – Transformer；MM – VIT 反演模拟数据集 1 的模型准确率对比

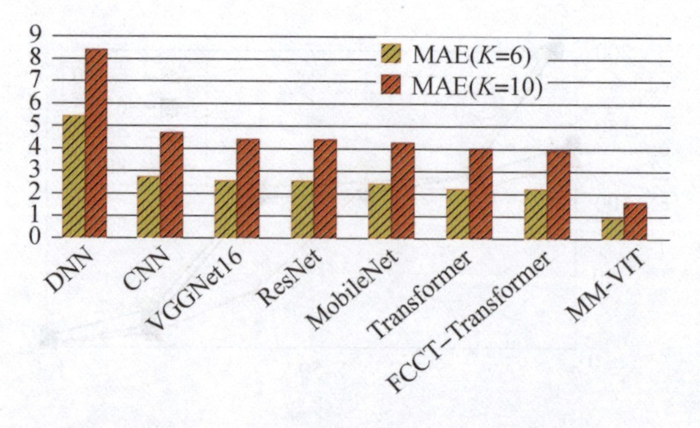

图 6 – 8　运用 DNN、CNN、VGGNet16、ResNet、MobileNet、Transformer、FCCT – Transformer、MM – VIT 反演模型准确率的对比